大家小书

现代建筑奠基人

罗小未 著

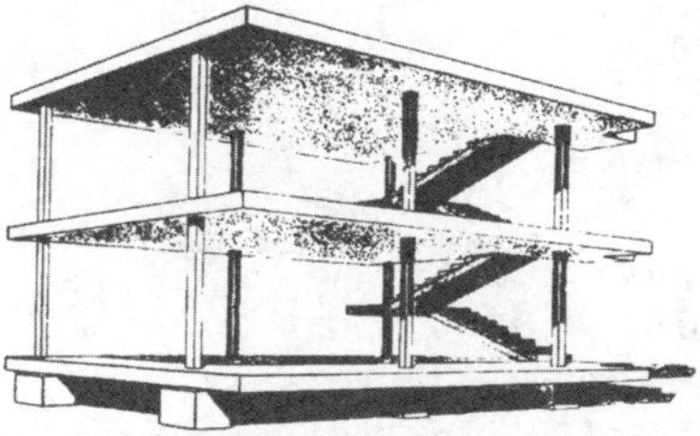

北京出版集团
文津出版社

图书在版编目（CIP）数据

现代建筑奠基人 / 罗小未著. — 北京 : 文津出版社，2024. 7

（大家小书）

ISBN 978-7-80554-787-9

Ⅰ. ①现… Ⅱ. ①罗… Ⅲ. ① 现代主义—建筑学派 Ⅳ. ① TU-86

中国版本图书馆 CIP 数据核字（2021）第 246920 号

总 策 划：高立志　　策划编辑：王忠波
责任编辑：王忠波　张锦志　　插图提供：钱　锋
责任印制：陈冬梅　　责任营销：猫　娘
装帧设计：金　山

·大家小书·
现代建筑奠基人
XIANDAI JIANZHU DIANJIREN
罗小未　著

出　版　北京出版集团
　　　　文津出版社
地　址　北京北三环中路 6 号
邮　编　100120
网　址　www.bph.com.cn
总 发 行　北京出版集团
印　刷　北京华联印刷有限公司
经　销　新华书店
开　本　880 毫米 ×1230 毫米　1/32
印　张　6.75
字　数　116 千字
版　次　2024 年 7 月第 1 版
印　次　2024 年 7 月第 1 次印刷
书　号　ISBN 978-7-80554-787-9
定　价　52.00 元

导　　读

段建强

2007 年，在同济大学举办的“世界建筑史研究与教学国际研讨会”上，罗小未先生和她的老朋友，美国麻省理工学院建筑系教授、建筑史学者、理论家斯坦福·安德森教授再一次见面了。这次会议的议题是“跨文化视野下的西方建筑史教学与研究”，来自国内外的众多学者齐集一堂，交流碰撞着对不同文化间建筑史学研究的成果。作为研究“现代建筑”的学者，他们有很多积数十年之思的问题、观点，在每一次见面的过程中得以深度交流；作为中美两国的建筑教育家，他们共同创办的学术研究交流桥梁，在这次会议中得到深化。

一如往日，罗先生步履稳健，银丝满头，戴着她标志性的眼镜和丝巾，丝巾图案是基于李德华先生为她设计的纹样重新制作的，那见证了他们伉俪情深的新艺术运动纹样，正与她优雅的气质相和谐。无论相识与否，每个走过她侧旁的同仁学子，都会恭立且轻声地唤一句“罗先生好!”，而罗先生也会报以和善的微笑。数十年来，这也成为同济大学校园内的别样风景。

在同济大学众多的学界前辈中，罗小未先生是为数不多得到广泛认同且被广大学子尊称为“先生”的女教授，这不仅因为罗先生优雅知性的风度为人熟知，也由于其渊博融汇的学识引人倾慕。然而最令人难以忘怀的，莫过于罗先生那亲和沉稳却坚定表达自己看法的声音，每每在学术会议的致辞中、在博士答辩的总结里，在与晚辈交流意见的教诲中，曾经面聆求教过先生的同济学子，无不印象深刻。而在罗小未先生开创的“建筑历史与理论”课程中，与平日里的温文尔雅不同，罗先生对世界建筑的开放态度、多元理念和批判力度，使得每一位同济学子获得的触动、思考和感召，才是她赋予同济大学和建筑学界最为宝贵的“遗产”。

罗先生在为她的学生、同济大学卢永毅教授主编的《建筑理论的多维视野》所写的序言中忆及当年情景：

> 20 世纪 70 年代末 80 年代初，同济大学进入改革开放的年代，建筑教学开始走上正轨，长期处于政治批判旋涡中的外国建筑历史课程也得到了恢复，并受到一定的鼓励。

这对我这个长期教授西方建筑历史的教师来说，是教学生涯与学术生命的一个新生，不仅是建筑思想开始从长期禁锢、心有余悸的状态中走出来，而且还获得了前往欧美国家访问的机会，能够亲身体验那些曾是那么“熟悉”却又无法谋面的著名建筑作品，甚至还在学术活动中结识了一些著名建筑师和历史理论家。

罗先生与安德森（Stanford Anderson）、文丘里（Robert Venturi）等西方建筑理论家，便是在那时建立起长期的理论研究交流和深厚的个人友谊，这为后来在同济大学开设面向世界建筑理论界的公开讲座课程，打下了坚实的基础。当然，更为直接的触动，则是引发了罗先生对世界建筑潮流、发展动向、理论脉络的系统思考：

亲历国外访问考察收获很大，当时最触动我的不仅是发达国家中引领世界建筑设计潮流的作品，更吸引我的是，战后建筑学术流派的缤纷呈现、思想活跃，连第三世界的非洲也在探索自己的现代建筑，理论学说的多元态势让人深感其学科的包罗万象和发展活力。于是我如饥似渴地抓住每个可以考察体验的机会，并立下了回国后要把自己的心得向学校学生与社会回报的决心，以使广大学子了解发达国家建筑发展的进程，这对活跃国内的建筑思潮和创作也是很有必要的。事实上，当时有机会了解西方建筑的兄弟院校学者也在做同样的努力。

一方面，是改革开放初期，重新接触世界建筑潮流后，对新的学术流派及其代表人物的作品与思想的如饥似渴与深深触动，使罗先生意识到：活跃的思想带来建筑学科的发展活力和建筑实践的多元丰富，必须与兄弟院校的诸多学者共同努力，为国内的建筑学科建设拓展“建筑历史与理论”的研究方向；另一方面，随着归国后深入地整理国外访问考察的成果，结合教学工作，罗先生具有前瞻性地认识到：“建筑历史与理论”作为重要的学科发展方向，对当时的建筑学学科教育整体而言，具有“解放思想”“开放多元”的重大意义。她在后来的回忆文章中提到她当年归国后汇报讲座的情况：

回来后，我第一次向学校汇报的题目是《美国大学建筑教育考察》。当时（1981年秋）系里十分重视，不仅是领导，几乎所有的教师都参加了，连校部也来人了。我大受鼓舞，接着便一口气整理了八个面对师生的课余讲座，内容有：西方第一代、第二代与第三代的建筑师与他们的主要作品，关于高层与大空间建筑的发展，关于一些我以前没有注意到的城市广场、城市雕塑、购物街与购物中心的介绍，以及一些新的建筑技术，如充气建筑、建筑中的太阳能利用等。当时协助我工作的是蔡婉英副教授，我们把这些讲座称为“八讲”。

讲座带来的反响可以用“轰动”来形容，罗先生后来受邀在全国各大建筑院系进行的演讲也基本以这“八讲”为蓝本展开。更为深层次的事件是开设一门建筑历史及理论专业课程的构想，逐渐在罗先生的头脑中形成了。这便是后来同济大学研究生课程中极具特色的“建筑历史与理论”。罗先生后来回忆创办“建筑历史与理论”的初衷时谈道：

随着建筑系研究生数目的日渐增加，面对年轻人迫切关注世界建筑发展动向和积极学习理论的热情，我萌发了一个想法：要为研究生开设一门较为深入地了解西方现、当代建筑思潮和建筑理论动态的课程，希望通过对西方建筑思想与事件的深度学习，引导他们对我国自己的建筑、以至对世界建筑发展的进程的关注与思考。这样，从1983

年起，就建立了以西方现、当代建筑及其理论为基础的，被称为“建筑历史与理论”的课程，最初是选修课，后来成为全学院研究生的一门必修课。

作为世界学界泰斗、研究“现代建筑”的理论家，安德森教授当然也在课程教授的邀请之列。2006 年 3 月 29 日，罗先生邀请安德森来同济大学做了《开放的模型——以勒·柯布西耶的多米诺住宅为例》的学术报告。这是安德森首次将个人建筑理论的研究成果正式发布。安德森的学术代表作便是《彼得·贝伦斯》（*Peter Behrens*）——这位现代建筑运动的先驱式人物，曾有三位现代主义建筑大师跟随他进行建筑实践，分别是格罗皮乌斯、勒·柯布西耶和密斯·凡·德·罗，他们都深刻地受到贝伦斯的影响。而罗先生在改革开放后最早关注并向国内学界引介的现代建筑大师，便是以上三位加上美国建筑师赖特的“现代建筑四大师”。

建筑历史与理论在当代的发展，虽然错综复杂、精彩纷呈，但对现代建筑的研究，是每个建筑历史学者、建筑理论家都必须面对的课题之一。一方面，现代建筑自身发展的丰富性，为当代的建筑理论与实践提供了重要的来源，几乎所有建筑师和建筑理论家都在不同程度上必须面对这份现代建筑“遗产”；另一方面，“现代建筑”作为一个特定的历史产物和建筑发展阶段/流派，对于当代而言，更为重要的是现代建筑所奠定和开拓的革新与批判精神，深刻地形塑了我们当下的建筑设计实践和建筑理论话语体系。

如果将这本小书以这两个层面加以审视，那么，每篇小文章所折射出的改革开放前期我国对西方现代建筑重要人物及其思想的认识，便具有了多重的面向。这也体现在罗小未先生的个人学术历程和建筑教育思想之中。

专注于对西方现当代建筑思潮、流派和重要人物的研究，积极传递世界建筑思潮的先进动态，主动建构国内外建筑思想交流的学术平台，几乎贯穿了罗小未先生建筑教育生涯的始终。在她跨越半个多世纪的事业生涯中，罗先生长期以来从事外国建筑史、理论的教学与研究工作，并扩展至上海城市史、遗产保护研究与实践，为我国建筑教育事业的发展做出卓越的贡献。在她著作等身的学术生涯中，有一册小书别具一格，为其代表作，便是这本《现代建筑奠基人》。

《现代建筑奠基人》介绍了四位对于现代建筑而言具有广泛影响并被誉为大师的建筑师，分别是格罗皮乌斯、勒·柯布西耶、密斯·凡·德·罗和赖特。这册小书在罗小未先生的著作中较为独特，相较于她的其他著作，这本小书体量虽小，但在传播现代建筑思想、普惠建筑史学林、勾连中西建筑理论交流等方面均有其独特的贡献，在特定的历史时期发挥了它重要的作用，成为20世纪改革开放初期，我国西方现代建筑理论研究的阶段性成果，正如初版题记中所言，此书意在为读者提供“全面地了解现代派建筑产生的背景、主张、主要作品及其生命力之所在”。

因此，罗小未先生的这本小书，为我们提供了一个审视中国当代西方建筑历史与理论研究的一个“切片”，让我们可以在时间的“显微镜”下，理解当代中国建筑与西方现代建筑的历史交会处，罗先生作为一位建筑教育理论家，关于“现代建筑”的思索、选择和批评。

如果我们注意到西方建筑理论，尤其是关于现代建筑的理论，在罗先生写作《现代建筑奠基人》时正在发生着巨大而深刻的变化，比如后现代建筑理论、批判的地域主义建筑理论、结构主义以及解构主义建筑实践、建筑设计回应生态与能源危机的诸多探索等等都在渐次展开；而同时，国内建筑界在经历了长期的封闭逐渐开放，忽然面对这纷繁杂乱、多元无序的建筑现象时，需要经历某种对历史源流和理论脉络的重新认知、思想梳理再到批评建构。那么，回溯现代建筑的若干代表人物及其思想与实践，便是重要的一环。

在罗先生的《现代建筑奠基人》之前，有童寯先生《新建筑与流派》的刊行（1977年，中国建筑工业出版社），已做出相关的启蒙，而罗先生《现代建筑奠基人》则首次将现代建筑四位大师的思想、作品更为详尽、全面地引介至国内的建筑理论界。在其后，则有更为深入介绍众多现代建筑大师的“国外著名建筑师”系列丛书的逐册出版，诸如阿尔瓦·阿尔托、卡洛·斯卡帕、路易斯·康、雅马萨奇、丹下健三、菲利普·约翰逊、贝聿铭等等蜚声国际的建筑大师，也渐次进入国内的建筑理论研讨之中，为更深入地探讨世界建筑历史与理论的发展，提供了具体的可供国内建筑学界和设计实践的参照系。

对于四位现代建筑大师的遴选与认定，当然不是罗先生自己的发现，而是在现代建筑运动自身发展中，表现出来的一些主干线索，从而使这几位重要的建筑大师，成为同期乃至后来建筑历史学家与相关建筑理论家研究的对象，比如吉迪翁、希契科克、柯林罗、文丘里、亚历山大·楚尼斯、安德森、肯尼思·弗兰姆普敦等等，便是这一理论线索中较为重要的理论家。罗先生正是在学习、考察、引介、交流的过程中，将这一西方理论界关于现代建筑的重要理论线索，撰著成文，在改革开放初期的特殊历史背景下，开风气先、启蒙学人、嘉惠学林。

《现代建筑奠基人》是罗小未先生最早出版的一册建筑评论

文集。书中的四篇文章曾连续刊载于《建筑师》第2—5期上［格罗皮乌斯（1883—1969）/第2期、勒·柯布西耶（1887—1965）/第3期、密斯·凡·德·罗（1886—1969）/第4期、赖特（1867—1959）/第5期］，后合四篇文章为一集《现代建筑奠基人》，被收入1991年“建筑文库”丛书。作为“建筑文库”中少见的一册关于西方现代建筑评论文集，影响广被。虽然近年来有关西方现代建筑历史与理论的著作开始大量被翻译出版，也有很多年轻的建筑历史理论研究学者更为注重理论原文的精读，但在西方建筑理论，尤其现代建筑理论研究中，罗先生当年的引介文章，真实而客观地反映出三四十年前，他们那一代学者筚路蓝缕的成果，实为不易。

此次再版是在中国建筑工业出版社《建筑师》“建筑文库”本的基础上修订而成，参照原始发表的文稿进行了一些修订，依照今日惯例对相关人、地名的译法进行了统一的调整，个别图像做了审慎的替换，以保持原稿的风貌，又便于时下的研究者开展历史研究时，有相对规范的引证。

2022年8月30日

目　录

格罗皮乌斯与“包豪斯”

格罗皮乌斯（Walter Gropius，1883—1969），现代派建筑先驱之一，曾是德意志制造联盟（Deutscher Werkbund）[①]的主要建筑师贝伦斯（Peter Behrens，1868—1940）的助手。他的早期名作有设计于1911年的法古斯鞋楦厂（Fagus-Werk，Alfeld-an-der，Leine，1911—1916）（图1—图3）和1914年德意志制造联盟在科隆展览会展出的模范工厂与办公楼（图4、图5）。尤其是后者，那以表现新材料、新技术和建筑内部空间为主的新形体，引起了人们的注意。

---

① 德意志制造联盟成立于1907年，是一个由工业家、美术家、建筑师和社会学家组成的专门从事研究工业产品的设计与制造的组织，其宗旨是通过提高产品质量扩大销售市场。

图 1　法古斯鞋楦厂办公楼

图 2　法古斯鞋楦厂，办公楼结构采用钢筋混凝土悬挑楼板，
转角处没有柱，金属窗框与玻璃随房角转向

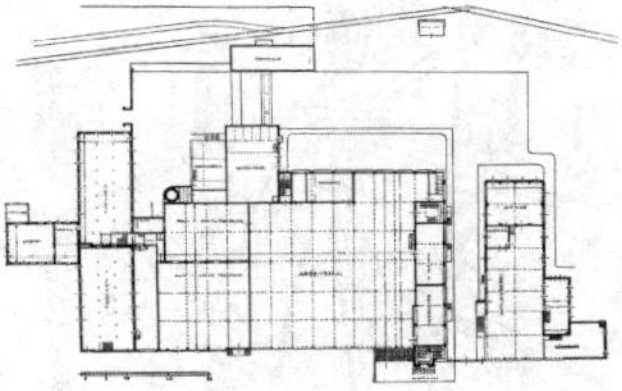

图 3　法古斯鞋楦厂平面图，办公楼在图的右部

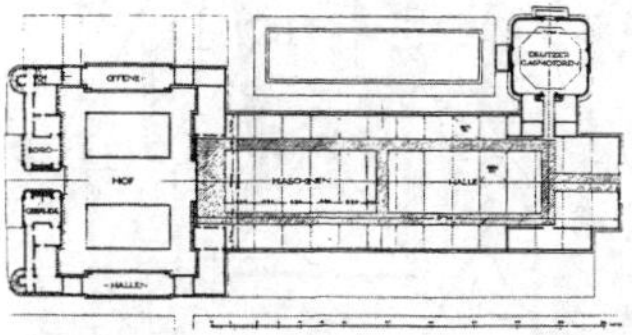

图 4　德意志制造联盟在科隆展览会上的模范工厂与办公楼

[模范工厂平面图，前（图左）为办公楼，后（图右）为工厂厂房]

图 5　德意志制造联盟在科隆展览会上的模范工厂与办公楼

（办公楼主要立面形体对称，两旁完全透明的玻璃圆柱形塔引起了当时建筑界的注意）

1919 年，格罗皮乌斯应魏玛大公之聘，继凡·德·维尔德①之后任魏玛艺术与工艺学院校长。在他的建议下，艺术与工艺学院同魏玛美术学院合并成为一所专门研究工业日用品和建筑设计的高等学校，取名魏玛公立建筑学院。1925 年，学院由于同当地社会名流在艺术见解上有分歧，迁至德绍，改名为德绍设计学

① 亨利·凡·德·维尔德（Henry van de Velde，1863—1957），比利时“新艺术”派的奠基人。

院，简称“包豪斯”（Bauhaus）。1919—1923 年是“包豪斯”学术观点的形成时期；1923—1928 年是它的成熟时期；1928 年，格罗皮乌斯将学院移交 H. 迈耶（Hannes Meyer）领导，到柏林从事城市居住建筑研究；1930 年，密斯·凡·德·罗（Ludwig Mies van der Rohe）继 H. 迈耶之后任校长；1932 年，学院被纳粹政府勒令停办。

图 6 “包豪斯”第一次宣言的封面设计，1919
（木刻——L. 费宁格）

“包豪斯”的主要教师：造型艺术方面有画家伊顿（Johannes Itten）、费宁格（Lyonel Feininger）（图 6）、康定斯基（Wassily Kandinsky）、克利（Paul Klee）、莫霍利-纳吉（Lάszló Moholy-Nagy）（图 7）① 和一度加

① 以上为现代抽象主义派画家。其中伊顿专于色彩视觉心理；费宁格偏向构成主义；康定斯基主张以色彩、点、线、面来表现画家的感情；克利能以多种风格作画，但其构图与含义具有他所独有的诗意特色；莫霍利-纳吉也偏向构成主义，在画中善于用光与运动甚至掺进其他材料如照片、透明纸片等来加强效果。

图7　绘画（莫霍利-纳吉，1924）

入的荷兰史提尔派（de stijl）的杜斯堡①。建筑方面有 A. 迈耶（Adolf Meyer）、H. 迈耶，后来加入的密斯·凡·德·罗和“包豪斯”的毕业生布劳耶（Marcel Breuer），再有画家兼舞台艺术专家施莱默(Oskar Schlemmer）等。格罗皮乌斯在他们的协助下，并受到德国建筑师贝伦斯、陶特兄弟（Bruno and Max Taut）、荷兰建筑师贝尔拉格（H. P. Berlage）和奥德（J. J. P. Oud）的启发与支持，建立了在两次世界大战之间影响极大的包豪斯学派。

因此，“包豪斯”（Bauhaus）有两个含义：其一是对德国魏玛公立建筑学院（Das Staatliche Bauhaus，Weimar）和它的后身

① 杜斯堡（Theo van Doesburg），荷兰史提尔派的主要成员。史提尔派（de Stijl，意译“格式”）提倡把艺术从个人情感中解放出来，主张寻求一种客观的、普遍的、建立在所谓“对时代的一般感受”上的形式。

德绍设计学院（Bauhaus，Hochschule für Gestaltung，Dessau）的简称；其二是指以此两学院为基地，形成与发展起来的建筑学派。它在20世纪20年代曾创造了一套新的，以建筑功能、建造技术和经济为主的建筑观、创作方法和教学方法。

第一次世界大战后，德国作为一个战败国在政治与经济上均处于十分窘迫的时期。国家面临沉重的赔款负担，重工业生产过剩，市场一片萧条，生活资料奇缺，人民生活困苦。一度建立的革命苏维埃由于右翼分子的背叛而失败。广大人民与从战场归来的士兵所遭遇的是失业、贫穷和无家可归。于是，在一般知识分子思想中存在着矛盾与困惑——一度骄横并挑起这次战争的德国，竟会沦落到此等地步！他们有的悲观、失望，有的懊悔，总的趋向是否定过去，但对前途又不敢有所理想。20世纪20年代初，在德国年轻知识分子中开始流行一种称为新客观主义（Neue Sachlichkeit）的思潮。这是一种提倡现实主义的社会态度。他们面对社会上各种不如意的现象或采取消极的、无可奈何和与己无关的态度；或主张凡事切忌主观想象与长远设想，应该客观地、现实地、物质地解决眼前的问题。在艺术上他们反对战前流行的富于想象力的表现主义，提倡实事求是地按着客观现实的处境来作画；在生产上他们把希望寄托在时代的技术文明上，提倡穷究技术本身的逻辑性与合理性，按此规律来解决社会大众的需要。格罗皮乌斯本人与“包豪斯”的教师先后卷入了这个思潮并成为其中的中坚分子。显然，这种思潮也在影响“包豪斯”的办学思想。

“包豪斯”认为当时的建筑与艺术，即如人们的生活一样，正处在种种矛盾之中：艺术家脱离社会生活，为艺术而艺术；设计脱离现代化生产，艺术与工艺脱节；此外，前一段时期建筑师之间相互矛盾的理论与见解又混淆了建筑的主要问题，而矛盾的根源就是主观。① 于是深入研究事物形成的客观原因——例如要研究产品的形式就要把它同生产这个产品的材料与工艺特点联系起来——是非常必要的。

因此，“包豪斯”的教学方针是“建筑师、艺术家、画家，我们一定要面向工艺”②；认为新的建筑教育应该把“全面的车间操作训练和正确的理论性指导结合起来”③，通过脑和手的并用，使学生认识到现代的建筑“犹如人类自然那样地包罗万象”④，学院的教学原则是要“联合各种艺术与设计的训练，使之成为艺术的综合品”⑤（图6—图12）。

---

① 参考赫伯特·拜耶（H. Bayer）、瓦尔特·格罗皮乌斯（Walter Gropius）和艾斯·格罗皮乌斯（Ise Gropius）编：《包豪斯，1919—1928》，1938年版，第22、24页；参考格罗皮乌斯：《新建筑与包豪斯》，中国建筑工业出版社1979年版，第26、58~65页。

② 《包豪斯，1919—1928》，第18页。

③ 同上，第24~25页。

④ 格罗皮乌斯：《新建筑与包豪斯》，第43、44、49页。

⑤ 同上。

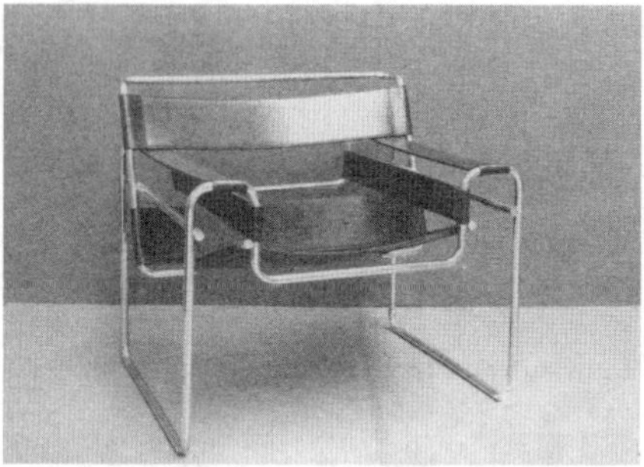

图 8　“包豪斯”首创的镀克罗米钢管椅
（布劳耶设计，1924）

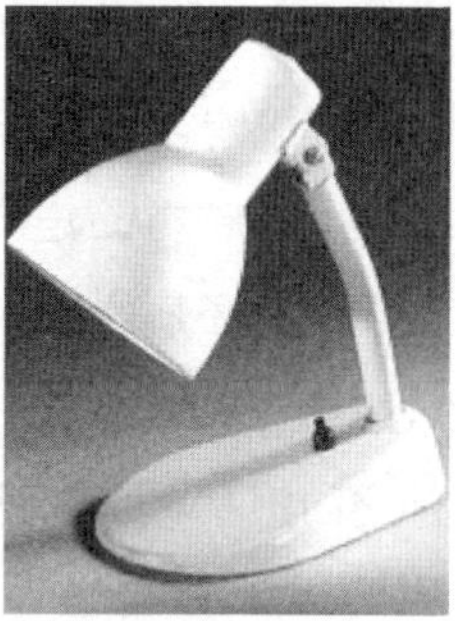

图 9　台灯
[M. 勃兰特（M. Brandt）设计，1924]

图 10　手工纺织品（用来与机器纺织品比较，Benita Otte 设计与织制，1922）

图 11　格罗皮乌斯 1930 年设计的艾德勒汽车

图 12　格罗皮乌斯为 1934 年法国有色金属展览会设计的展品。其目的是要显示有色金属的各种性能和功能。这是一件工业制品，还是一件工艺品？

为此，“包豪斯”的教学内容包含 3 个方面：

1. 实习教学：学习石、木、金属、黏土、玻璃、颜料、纺织品等不同材料的具体操作，并辅以如何使用材料、工具和有关会计、估价和拟定投标估价单的课程。

2. 形的教学：

（1）容貌方面——观察自然事物，观察材料特性。

（2）表现方面——学习平面几何、构造、绘图与制作模型。

（3）设计方面——研究内部空间、色彩和形体组合。

3. 辅以各种艺术（古代和现代）和科学（包括基础化学

和社会学）的讲座。

全部学习分3个阶段进行：

（1）预备教学，为期6个月。学生在专为初学者设立的实习工厂中通过具体的操作与观察，学习掌握不同材料的物理性能；同时上一些设计的基础课程——抽象设计（指空间、形体、色彩等）的原则与表现。

（2）技术教学，为期3年。学生以正式学徒的身份在学院的工厂中学习与工作。学院的工厂是一个专为试制新型工业日用品和改进旧产品，使之宜于大量生产而设立的实验室。每一个学生得到两位教师——精通工艺与机械的技工和精通设计理论与造型原理的设计师——的共同指导，以使他们“建立机器是现代设计的手段的观点”①，认识标准化的必要性和进一步学习设计。学习期满考核合格者可获得由当地职业部门或“包豪斯”发给的技师文凭。

（3）结构教学，特别有培养前途的学生可留校接受结构方面的训练，年限视实际情况和学生的才能而定。内容为在工厂某一部门或建筑工地中继续深造，同时在“包豪斯”研究室中进行理论上的进修，或到其他技术学院选修“包豪斯”没

---

① 格罗皮乌斯：《新建筑与包豪斯》，第43、44、49页。

有开设的课程，例如钢结构、钢筋混凝土结构、供热和给排水等。学习期终考核合格者可获得由当地职业部门或“包豪斯”发给的建筑师文凭。

在教学方法上，他们强调，“指导学生如何着手比传授技巧更为重要”①，提倡所谓客观的方法，即“教师必须避免把自己的词汇授予学生，而是让他们寻找自己的方法，即使走一些弯路也行”②。他们认为手的操作和材料性能的知识“可以把学生的天才从传统的压力下解放出来”③，提倡教师与学生的共同合作。

在工业日用品的设计方面，“包豪斯”曾为设计新品种，改进旧模型使之宜于机械化大生产起过作用，包括家具、灯具、陶器、纺织品、金属餐具、厨房器皿、烟灰缸等（图 8—图 12）。其要求是“式样美观、高效能和经济性的统一”④。其设计特点是重功能、形体简单，形式力图同材料与工艺一致，或是有意显露材料性能和工艺特点。

在建筑方面，格罗皮乌斯同“包豪斯”师生共同合作设计

---

① 吉迪翁：《新建筑十年》，第 47 页。

② 《格罗皮乌斯与凡·德·维尔德》，载于《建筑评论》杂志（*Architectural Review*），1963 年 6 月。

③ 格罗皮乌斯：《新建筑与包豪斯》，第 43、60 页。

④ 同上。

了好几幢建筑。其中比较有代表性的是德绍的“包豪斯”校舍、格罗皮乌斯本人的住宅和学校的教师住宅。这些作品与格罗皮乌斯后来在柏林设计的“西门子城”住宅区，充分显示了“包豪斯”的设计特点：从实用出发，重视空间设计，强调功能与结构效能，把建筑美学同建筑的目的性、材料性能和建造的精美直接联系起来。除了建筑实践以外，他们还积极进行设计原理的研究。其中，重视低收入家庭的住宅设计，把低收入家庭住宅作为重要学术问题来进行探讨，可谓建筑学术史上的创举。例如，反对居住区传统布局中的周边式，提倡行列式（图 13）；研究日照同房屋朝向、高度和间距的关系，以及它们同人口密度与用地的关系（图 14、图 15）；探讨居住建筑空间的最小极限；研究建筑工业化、构件标准化和家具通用化的设计和制造，等等。此外，在理论上他们还提出了要全面对待建筑的观点。这些理论与实践以它们鲜明的唯理性、逻辑性与彻底性，终于摧毁了已开始被“新建筑运动”① 所动摇，然而在学术界仍占主导地位的学院派统治。

---

① “新建筑运动”始于 19 世纪末，是一个不满于学院派复古主义、折中主义的束缚，试图探求一种新的能与当代生活与生产相适应的设计方法的运动。它先后出现在西欧和美国，各树一帜。例如欧洲的新艺术派、维也纳的分离派、美国的芝加哥学派、德国的德意志制造联盟等等。

图 13　周边式与行列式布局比较

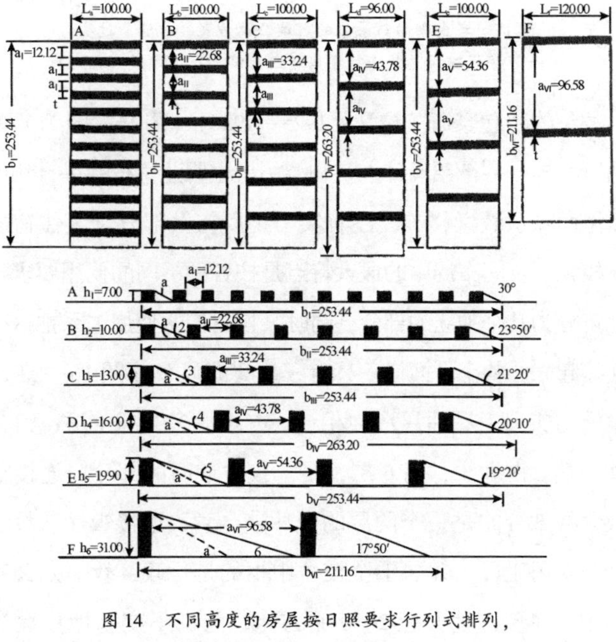

图 14　不同高度的房屋按日照要求行列式排列，
在房屋间距与用地上的比较

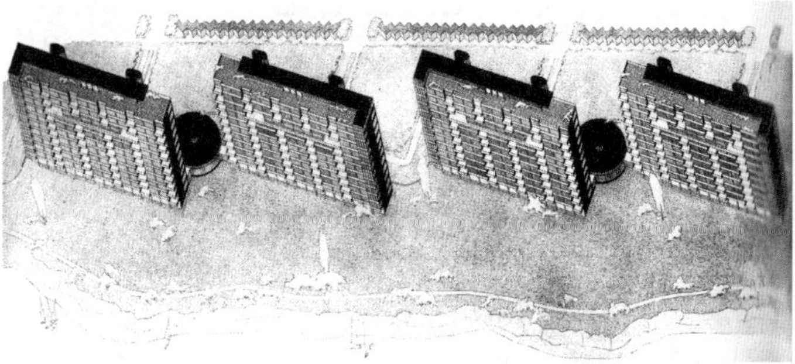

图 15 考虑朝向与景象的河滨公寓方案，破除了过去“一”字式建筑总是平行于街道或河滨的布局方式（1931）

德绍的“包豪斯”校舍（1925—1926）（图 16—图 21）是一个两所学校——德绍设计学院和德绍市立职业学校——合用的校舍；里面除了教学楼外，还有实习工厂与供部分学生住宿的宿舍。校舍在空间布局中的最大特点是按各种不同的使用要求把整幢建筑分为几个独立的部分，同时又按它们的使用关系把这些部分连接起来。整个平面似一具有三片翼的风车（图 16—图 18）：教学楼与实习工厂曲尺形地相连，占地最多，高 4 层；宿舍在另外一端，占地少，高 6 层，是全校舍最高的部分；连接宿舍与教学楼部分的是一个两层的饭厅兼会堂；连接饭厅、教学楼部分与实习工厂，并居于全校舍中枢的是行政、教师办公室与图书馆。建筑占地面积 2630 平方米。为了不使基地被建筑隔断，饭厅下面与办公室下面底层透空，可通车辆与行人。

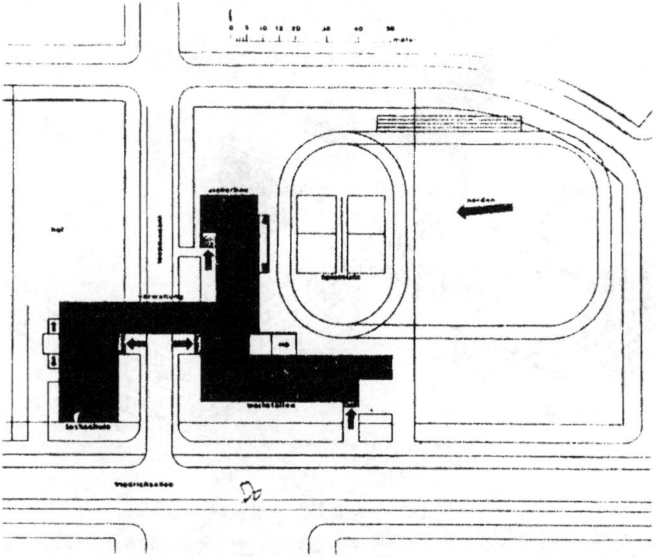

图 16 “包豪斯”校舍总平面

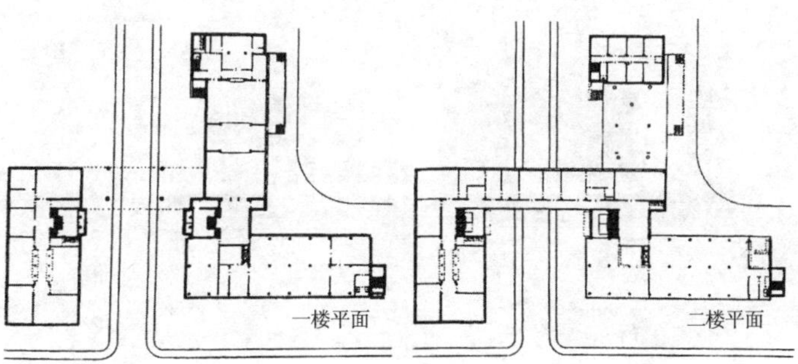

图 17 “包豪斯”校舍（左：一楼平面；右：二楼平面）

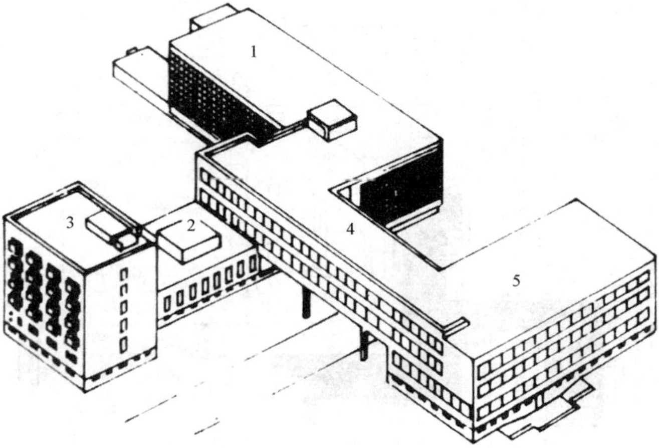

图 18 “包豪斯”校舍鸟瞰

（左上为实习工厂，左下为宿舍；右为教学楼；处于实习工厂与教学楼之间的是行政办公处；处于宿舍与行政办公处之间的是饭厅兼会堂）

图 19 “包豪斯”校舍东南面外观

图 20　“包豪斯”德绍校园落成时莫霍利–纳吉拍摄的照片

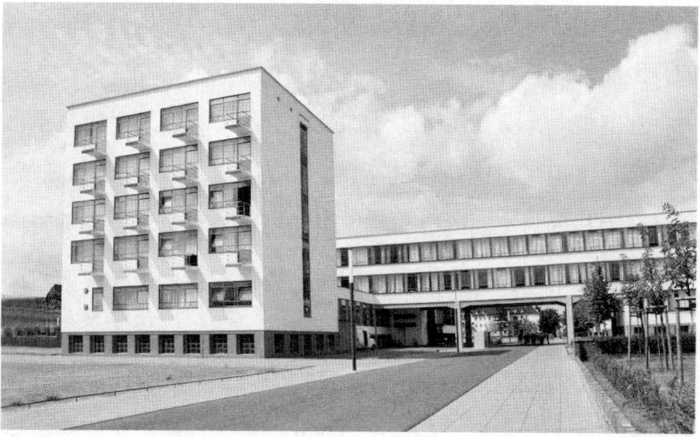

图 21　“包豪斯”校舍宿舍外观

建筑按各部分的不同功能选择不同的结构方式，创造了不同的外形：实习工厂里面是一个大通间，包括家具制作、舞台装置、染坊、纺织、印刷、墙纸和金属制作等，结构采用钢筋混凝土挑梁楼板，为了便于采光，外墙是整片贯通三层的玻璃幕墙；教学楼采用相仿的结构，但较小的间距使承重部分轻巧了，连续的水平向带形窗与墙面是它的外形特征；宿舍需要安静和不受干扰，墙面较多，窗较小，采用了钢筋混凝土与砖的混合结构，每室外面都有自己的小阳台；会堂兼饭厅是集体使用的一个大间，它的外形有着一定的开朗与通用的感觉。

建筑物全部平顶，在空心砖楼板上置有保温层，上铺有油毛毡和预制沥青片，人可在上面活动。所有铸铁落水管都在墙内，因而外形整洁。

在造型上，没有任何的外加装饰。几个既分又合的盒子形立方体，采用了对比统一的手法，努力谋求体量的大小高低、实体墙面与透明玻璃的虚与实、白色粉墙与黑色钢窗、垂直向的墙或窗与水平向的带形窗、阳台、楼板等等在构图中的对比与平衡。

格罗皮乌斯住宅（德绍，1926，图 22、图 23）是独立式的。底层平面呈矩形，住宅进门在北面，进门两旁是厨房与浴厕，起居室与餐室面南。楼层平面为曲尺形，主要的卧室在楼上，也面南，其他的卧室朝东，东南角有一宽敞的阳台，通两卧室。在这里，房间尺寸是按人体尺度、必要家具尺寸与人在内部活动时所需的空间来决定的，比一般习惯的略为小些。为了在紧凑的空间布局中可以随意产生较为宽敞的活动空间，起居室与餐厅之间上面架钢筋混凝土大梁，下面以门帘相隔。

图 22　格罗皮乌斯住宅东南面外观
(楼上的卧室横跨在南向面对花园的平台上)

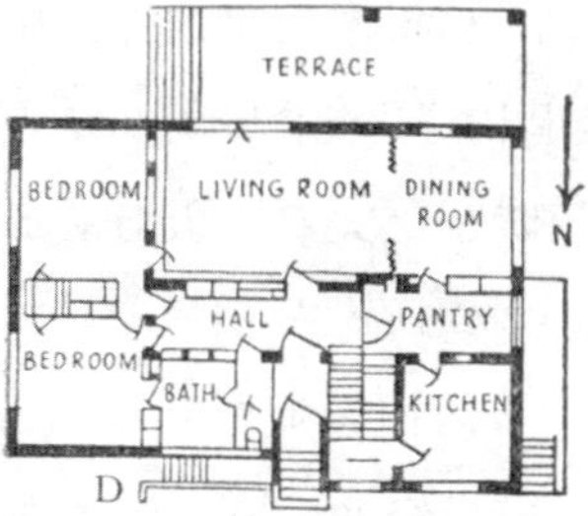

图 23　格罗皮乌斯住宅底层平面

图 24　“包豪斯”教师住宅东面外观

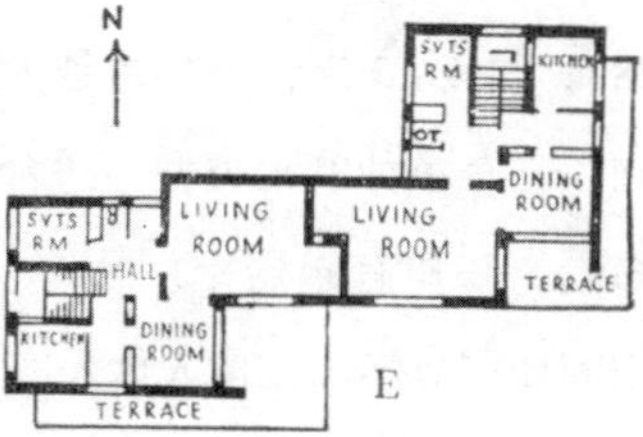

图 25　“包豪斯”教师住宅平面

"包豪斯"教师住宅（图 24、图 25）是一组并立式的住宅。这里因考虑到东西两面在朝向条件上的不同，打破了当时并立式住宅习惯采用的对称格局，把两个曲尺形平面正反相接在小小的基地上，使 6 间卧室中有 5 间争取到了南向。但可能由于追求居住空间的最小极限，有人认为除了当中两间外，其他的在使用上都使人感到狭窄了些。

上面两幢住宅的外形都很简洁，造型的处理类似校舍，能与周围绿化配合默契，显得开旷宁静。结构采用大型矿渣混凝土砌块、空心砖楼板与钢筋混凝土过梁，这是小型住宅采用此等新材料的较早例子。

"西门子城"住宅区（Siemensstadt，柏林，1929—1930）是 20 世纪 20—30 年代建造的许多工人住宅区之一。格罗皮乌斯负责住宅区的总体规划以及其中几幢住宅的设计。

由格罗皮乌斯设计的是"一"字式的多层公寓（图 26—图 28），高 4 ~ 5 层，每梯台通两户，大部分南北向，个别的东西向。它有多种单元类型，适合大小户，并按朝向不同有不同的布局。每户有起居室、卧室、厨房、浴厕和阳台，平面紧凑，空间使用效能高，按人体尺度设计。砖墙承重结构，钢筋混凝土过梁和楼板。阳台的开口很大，起居室有大片的玻璃窗，建筑外形简洁，不像"包豪斯"校舍那样从体量的对比中来获得效果，

图 26 “西门子城”中格罗皮乌斯设计的“一”字式多层公寓外观

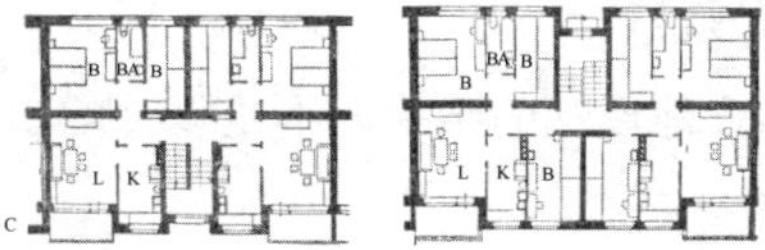

图 27 上图公寓之平面

图 28 C 种公寓（图 26 左）外观近景

而是力求重复出现在集体住宅中的阳台、门窗和墙面的光影变化在构图中的和谐。为了保证日照与通风，房屋间距比较宽，当中是大片草地和原有树木，具有比较宜人的居住气氛。

这些住宅，从功能、设备、卫生和经济等角度来看是成功的，可谓小空间住宅在这方面的良好先例。不过，由于当时还有不少人习惯于以传统的美学观来衡量建筑的好坏，因而在住宅落成后一段颇长的时间中，有些人竟以其形式生硬而拒绝搬入。然而，功效与经济毕竟是大量性住宅的基本要求，它比那些里面偷工减料而外表讲究格式和堆砌了廉价装饰的学院派建筑要实用与合算得多。因此到20世纪30年代中，这种具有白粉墙、平屋顶、大玻璃窗、宽敞阳台的立方体形的“现代”住宅开始不断地出现于欧美国家。后来美国人菲利浦·约翰逊和希契科克把这样的建筑按它们的形式特征称为“国际式”（International Style）。对于“国际式”这个名称，格罗皮乌斯是始终抵制与坚持反对的。因为他一向反对讲究建筑格式，认为建筑形式是设计的结果而不是设计的出发点。

“包豪斯”关于要全面对待建筑的观点，后来经过格罗皮乌斯的充实与重申，称之为“全面建筑观”（Total Scope of Architecture）。它是以“包豪斯”和格罗皮乌斯一再提出的见解——建筑，“犹如人类自然那样包罗万象”，是“我们时代的智慧、社会和技术条件的必然逻辑的产品”① ——作为出发点的。其内容包括：从生活日用品、建筑以至城市和区域的规划与设计方面；使建筑师具有多方面的艺术和技术技能，即建筑师的教育方面；建立建筑设计的共同基础方面；研究建筑的合理化、机械化和标准化方面；反对建立格式方面和建筑师的相互合作方面。上述方面各有其独立内容，相互参差与牵连。如细致分

① 《新建筑与包豪斯》，第18页。

析，可以看出这里所谓全面观，事实上贯串着三个要点和一个精神。三个要点是技术、经济和功能，一个精神是以新技术来经济地解决新要求。格罗皮乌斯和“包豪斯”因此而获得了“唯理主义者”之称。下面试列几个论点来说明“全面建筑观”的特点：

在建筑师应具有多种技能方面，格罗皮乌斯曾明确指出这些技能是“设计的每一个部门，技术的每一种形式”①。建筑师的“任务就是把同房屋有关的各种造型上、技术上、社会上和经济上的不同问题协调起来。这种认识促使我一步步地从研究住宅的功能过渡到研究街道的功能，又从街道过渡到整个城市，最后牵连到研究更大的区域和全国的规划问题”。②

关于艺术的创作方面，“包豪斯”在其教学宣言中提出“艺术家就是技术高超的工匠。有时在那稀有的灵感中，在那非他个人意志所能控制的时刻中，上天的恩惠可能使他的作品发展为艺术。但是对每一个艺术家，通晓工艺是最主要的”。③ 这

① 《新建筑与包豪斯》，第44页。

② 同上，第66页。

③ 《包豪斯，1919—1928》，第18页。

句话虽然把艺术创造神秘化，但具体地把艺术同工艺联系起来，“我力求解决将创作想象与精通技术结合起来这个棘手问题”①，具有积极的历史意义。

在建立创作的共同基础的问题上，他们提出，既然创作是多方面的，就应该建立一个科学的、客观的共同基础（Common Denominator）。格罗皮乌斯在解释这个共同基础时说：那是“以生物学的事实——物理和心理——作为基础”的客观效能②。所谓物理，格罗皮乌斯说是“强调结构效能，注意功能的精确和经济的解决方法”③。至于心理，是“人类精神的美学要求……由新的空间概念而形成的思想成就”④。为了解释上面所谓美学要求和那由新的空间概念而形成的思想成就，他又说：“谈了那么多的技术！——关于美又是怎样的呢？新的建筑把墙像窗帘那样地全拉开了，让进了大量的新鲜空气、光线和阳光。不是用巨大的屋基把房屋牢系于地下，而是使它轻盈而经济地平衡于地面。在形体上，不是

① 《新建筑与包豪斯》，第36页。
② 《全面建筑综观》，第48页。
③ 《新建筑与包豪斯》，第20页。
④ 同上。

形式的抄袭，而是那简单和精确的设计，在此，每一部分自然而然地投入那整体的广大空间中。因此，它的美学与我们的物理和心理要求是一致的。”①

在实现建筑的机械化、合理化和标准化方面，格罗皮乌斯要求建筑师面对现实，指出在生产中要以较低的造价和较少的劳动来满足社会需要就要有机械化和合理化②。机械化是指生产方面的，合理化是指设计方面的，两者的成效是“提高质量，降低造价，从而全面提高居民的社会生活水平”③。格罗皮乌斯本人在 1927 年德意志制造联盟于斯图加特展出的住宅新村中试建了一幢预制装配的住宅。以后，即使是到了美国之后也从未间断过他对预制、装配和标准构制的研究（图 29—图 31）。为了推广标准化，格罗皮乌斯认为标准化并不约束建筑师在设计中的自由，“其结果应该是建筑构造上的最多标准化和形式上的最大变化的如意结合”④，这个论点从发展大量性建筑方面来看是可取的。

---

① 《新建筑与包豪斯》，第 31 ~ 32 页。

② 同上，第 24 页。

③ 同上，第 28 页。

④ 同上，第 30 页。

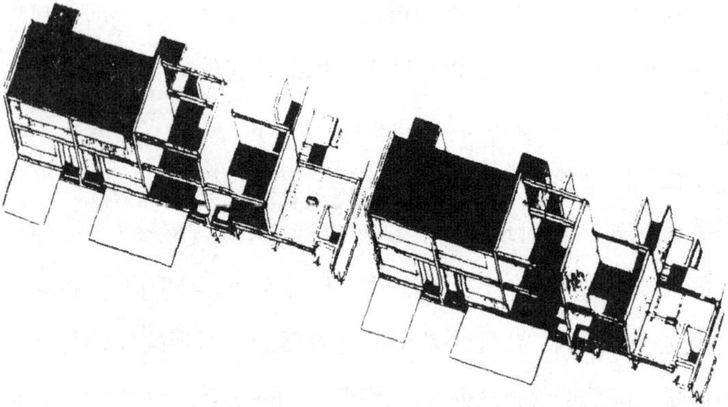

图 29　1926—1927 年间格罗皮乌斯与“包豪斯”同人

在德绍的托顿（Toerton）试建的预制构件住宅

（矿渣砌块承重墙，钢筋混凝土楼板、屋面和横梁。前后墙体为多孔混凝土夹有泡沫混凝土隔热层的预制墙板。房屋的排列考虑到施工时吊车的方便运行）

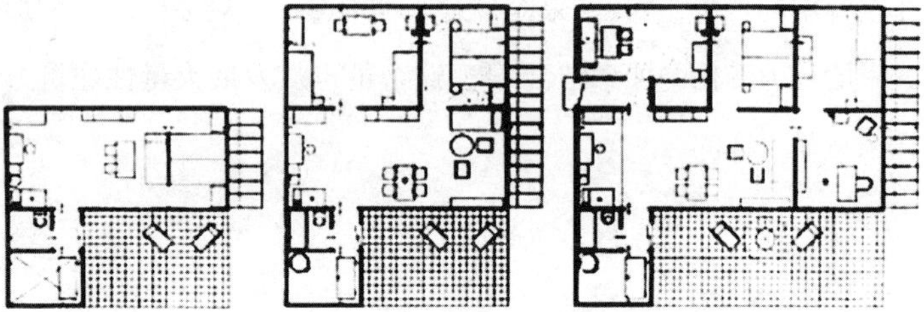

图 30　1931 年格罗皮乌斯为德国一家制造企业

设计的可扩展的预制构件住宅

图 31　1942 年格罗皮乌斯与 K. Wachsmann（曾在“包豪斯”教过结构）
在美国为一板材厂设计的预制装配成套住宅体系
（左图为基本空间单元，右图为结点细部）

格罗皮乌斯与“包豪斯”继承了“新建筑运动”的革新精神，针对学院派建筑的“为艺术而艺术”和“新建筑运动”中各执一端的缺点，提出应该全面对待建筑的观点。他们认为，建筑师有改进社会的任务，应把建筑设计同社会需要、同现代化工业大生产联系起来；在设计中又坚持把建筑单体同群体以至城市与区域规划联系起来，把建筑艺术同技术联系起来；并在“全面建筑观”中着重用新技术来经济地解决功能的观点，提倡建筑的合理化、机械化和标准化，并提倡以观察、分析、实验等寻求科学的设计依据，等等。这些观点和方法，无疑是进步的。此外，由他们提出的一些科学的设计原则，例如，在总体布局中，注意日照和房屋间距，尽量保留原有树木以求产生怡人的环境效果；在空间设计中，提倡按功能而自由布局空间，按人体尺度和精确的结构断面计算来节约空间，注意厨房、浴室、壁橱以及各种水道管网的安排处理；在技术方面，提倡试用新材料和新技术（在当时就是钢骨架、钢筋混凝土骨架、轻质混凝土砌块和预制装配等），注意材料和结构同造型的关系；在造型上，提倡客观的、普遍的对时代和对功能技术与材料性能的表现，并特别注意那同内部空间一致的方盒子形体在体量上的组合与平衡，等等——至今仍有用。尤其在大量性建筑方面，其影响更为显著。

1932 年“包豪斯”停办后，学派成员先后逃亡国外，学派思想也遍及欧洲与美国。格罗皮乌斯本人先到英国（1934—1937）而后又到美国。1936 年，他与英国人费莱（Maxwell Fry）合作的伊姆品登学院（Impinton College，Cambridge，图 32—图 34）是一个低层的，与“包豪斯”校舍同样地按功能分区，既分又合的设计。这所校舍被认为是第二次世界大战前英国学校建筑的典范之一。1937 年，格罗皮乌斯赴美国哈佛大学任教，把“包豪斯”的教育方式同美国的具体情况结合起来。除了“包豪斯”原来的内容外，它在艺术上更重视所谓抽象的表现；在理论上，还强调了要在设计中注意所谓心理上的下意识反应，也就是要注意人们对于客观事物的不自觉的然而是来自生活经验的感情反应。在实践上，有他和布劳耶合作的新肯辛顿住宅

图 32　伊姆品登学院外观

（图左为向花园敞开的教室，图右为实验室）

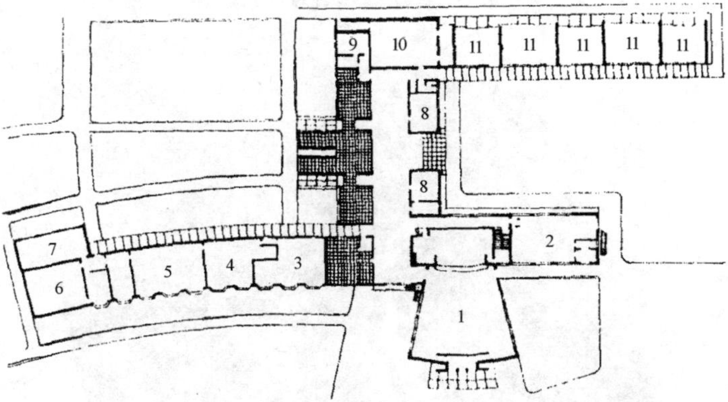

图 33　伊姆品登学院平面

（1—大讲堂；2—金工、木工工场；3—教职工活动室；4—乒乓球室；5—弹子房；6—阅览室；7—图书馆；8—入口；9—医务室；10—实验室；11—教室）

图 34　伊姆品登学院模型鸟瞰

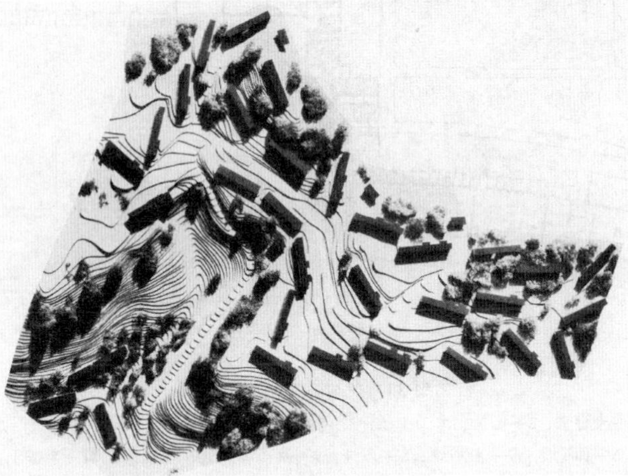

图 35　新肯辛顿住宅区模型

区（New Kensington Housing Group，近匹兹堡，1941，图 35）。新肯辛顿住宅区的规划与设计说明格罗皮乌斯的设计方法不是一成不变的。这里不仅巧妙地结合地形而自由布局，在材料与风格上也具有一定程度的地方性与地方生活特色。

1945 年，格罗皮乌斯同他在美国的七个得意门生①组成了称为 TAC（The Architects' Collaborative——建筑师协作组）的建筑设计事务所。他们在 TAC 的设计制度——既要个人分头负责又要相互讨论协作——下共同设计了许多房屋。格罗皮乌斯在世时，哈佛大学研究生中心（Harvard Graduate Center，Cambridge，1949—1950）（图 36—图 38）、波士顿市后湾中心的设计方案（Back Bay Center Development，1953）（图 39）、在希腊雅典的美国大使馆（1956，图 40）、伊拉克的巴格达大学的规划与设计（1960 年设计，1962 年起建）（图 41、图 42）和 1957 年西柏林居住建筑展览会"Interbau"中的公寓（图 43、图 44），均受到了广泛的关注。TAC 从此发展为美国较大的几家建筑师事务所之一。

哈佛大学研究生中心（图 36—图 38）内有七幢宿舍，一幢公共活动楼，按功能需要并结合地形布置。这里不同于"包豪

① Jean Bodman Fletcher，Norman Fletcher，John C. Harkness，Sarah Harkness，Robert S. McMillan，Louis A. McMillen，Benjamin Thompson.

斯”校舍的是房屋之间用长廊或天桥相连，形成了几个既开敞又分隔的院子。房屋与它们所处的自然空间前后参差，体量与尺度掌握得当，环境宜人。宿舍有三层的，也有四层的，钢筋混凝土结构，外贴以格罗皮乌斯自法古斯鞋楦厂时就已喜用的淡黄色面砖。公共活动楼高两层，钢框架结构，外墙刷石灰不贴面，底层部分透空，二层是大玻璃窗。面向院子的弧形墙面既使该楼显得具有欢迎感，同时也与利用地形而建成的梯形大院更加相宜。楼上的餐厅当时每餐约有 1200 人用餐，由于当中的斜坡通道把餐厅无形中划分为四部分，故用餐人并不会感到自己是在一个大食堂里。楼下的休息室与会议室在需要的时候可以打通成为一个大会堂。建筑造型简洁实在，但处处表现出精确与细致的设计匠心。

图 36　哈佛大学研究生中心总体（模型）

图 37　从哈佛大学研究生中心公共活动楼底层看院子

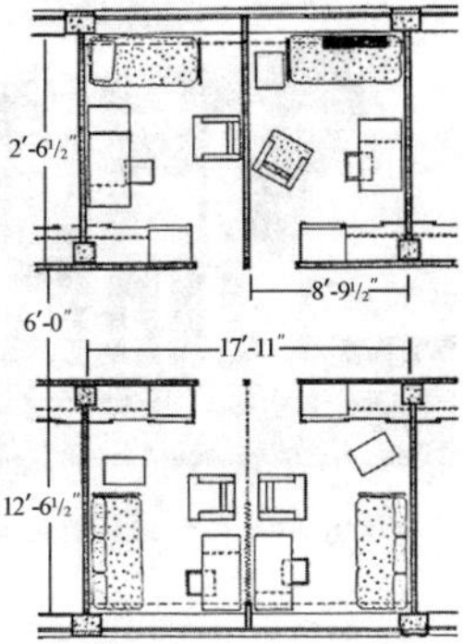

图 38　哈佛大学研究生中心的研究生宿舍及平面图
（卧室可为一大通间，也可一分为二）

图 39　波士顿后湾中心设计方案
（图右为办公楼，图左为旅馆。下面是购物中心。办公楼对面跨过马路是一圆形大会堂，后面是汽车旅馆。停车场在地下，有三层。整个基地人行与车行分开）

图 40　在希腊雅典的美国大使馆

图 41　巴格达大学

图 42　巴格达大学

图 43　1957 年西柏林居住建筑展览会中的公寓

图 44　1957 年西柏林居住建筑展览会中的公寓模型

后湾中心（图 39）是 TAC 同另外几个建筑师（P. Belluschi、W. Boger、C. Koch 和 H. Stubbin）合作的。它是一个包含有购物中心、百货公司、超级市场、办公楼、汽车旅馆、旅馆、展览馆、大会堂和可以停放 6000 辆汽车的地下停车场的综合体。基地约 30 英亩，原是位于波士顿市中心区的一个废弃了的铁路场地。在后湾中心，车行与人行分工明确，并有人行道同附近的地铁站、公共交通车站与相邻的商业区联系。其目的是使居住、工作或活动于这个中心的人通过步行便能够享受到现代城市中的各种现代化设施而不至于受马路上的车行的威胁。这个方案曾经得奖但没有建造，现在被认为是后来兴起于 20 世纪 60 年代末的一种新类型——多功能中心（Mixed Use Center）——的先型。

在雅典的美国大使馆（图 40）采用了使人联想到希腊神殿的回廊，典雅而又现代化。巴格达大学的校园设计则在现代化中散发着阿拉伯气息。这些企图与地方关联的尝试在 20 世纪 50—60 年代尚不多。这能否说明格罗皮乌斯所谓“我们的教育不是依靠任何事先想出来的造型意匠，而是靠探求生活中不断变化的形式背后那种活跃的生活火花”① 呢？

格罗皮乌斯与“包豪斯”在使建筑脱离学院派的复古主义、折中主义统治，彻底走上现代工业化道路中是有着不容忽视的历史作用的。他们的许多论点与方法，今日虽已成为众人皆知的常识，但在当时却是敢于冲破牢笼的新事物。然而，人类历史是不断发展的，任何新事物都不可能在一出现时便十全十美。特别是他们在同根深蒂固的学院派做斗争中，常常为了旗帜鲜

① 《新建筑与包豪斯》，第 62 页。

明、着重强调，而显得较为偏激。比如在反对形式主义时，过于强调功能与技术，似乎建筑的形式无须多费心。在反对复古主义、折中主义时，否定了历史词汇，似乎现代化与历史传统水火不相容。在反对建筑艺术的过分主观时，过于强调建筑形式的客观性与普遍性，似乎建筑艺术造型只有抽象的形式美而不具有传递讯息的任务，只有共性而没有个性。其实，建筑设计从来都是多方面矛盾的统一。格罗皮乌斯与“包豪斯”的建筑观，无疑比他们的前人更为接近社会需要、更为全面、更为进步。然而，由于历史局限性也由于世界观上的局限性，他们在克服一种片面性时又产生了另一种片面性。不过，无论如何，他们的成绩是主要的，其历史作用也是很大的，况且格罗皮乌斯本人在长期的实践中也在不断地充实并提出一些新的东西。最近有些人因格罗皮乌斯一向提倡集体创作，而他的名作又大多是与别人合作的，便怀疑他的作用，把他排除出“现代建筑”先驱之列。如日本《新建筑》杂志 1977 年 12 月号增刊《现代世界建筑思潮》中，以大量篇幅介绍了从 20 世纪初至 70 年代的所谓“第一代”“第二代”“第三代”等三代建筑师的简历及作品，资料相当详尽，但对格罗皮乌斯却只字未提。我们的看法是，我们从来不认为“现代建筑”是由几个先驱一手造成的，但我们并不否认个人在历史中的作用。因此，除非不谈先驱，要谈先驱的话就不应把格罗皮乌斯排除于外。

1950 年法国《今日建筑》2 月号中的一篇文章（作者 Chester Nagel）说：“（格罗皮乌斯）是第一个从建筑方面、设计方面与居住区规划方面向我们阐明工业革命的人。他经常调研工业社会的巨大潜力，指示我们如何使之为我们不断变化着的生活需要而用……回顾过去的 12 年，曾为格罗皮乌斯学生的我们，可以感激地说，他为我们指出一项社会任务：教导我们说机器和个人自由并非水火不相容的，还向我们说明了共同行动的可能性与意义……我怀疑世界上任何次于他的人会有可能给予我们这样的新信念。”

（原载《建筑师》第 2 期）

勒·柯布西耶

勒·柯布西耶（Le Corbusier，1887—1965），现代建筑的四大元老之一，原名 C. E. 兴纳雷（Charles-Édouard Jeanneret），出生于瑞士，1917 年起定居法国巴黎。他在少年时曾受过制造钟表的训练，以后，学习绘画与雕刻，一度是 20 世纪 10 年代立体画派中“纯粹派”的积极分子。

早在美术学院学习时期，勒·柯布西耶便已在做建筑设计。但使他初具独特见解，还是在 1910 年前后的巴黎和柏林之行以后。1908—1909 年，勒·柯布西耶在巴黎柏勒（A. Perret）① 的

① 柏勒和贝伦斯是始于 19 世纪末的“新建筑运动”中的积极分子。“新建筑运动”包含有许多学派，其共同目标是脱离学院派的复古主义、折中主义束缚，探索能与当代生活与生产相适应的建筑。“现代建筑”是“新建筑运动”的结果。

事务所里工作了15个月，当时柏勒正致力从那时的新材料钢筋混凝土中寻求其在建筑艺术中的表现。翌年，他在柏林贝伦斯①处工作了5个月，又受到贝伦斯探索利用新结构来为工业建筑创造新范例的启发。勒·柯布西耶也立下了要为新时代，即他所谓伟大的机器大生产的时代，创造新建筑形式的决心。

勒·柯布西耶思想活跃，手法灵活，对客观事物非常敏感，是一个在设计上善于创新与“不断变化着的人”②。20世纪20年代初，在他尚未提出足以说明自己见解的实物前，便已通过杂志与书籍，以夸张、激烈和尖刻的口吻发表革新建筑、艺术、城市与工艺品设计的意见。以后，他除了在20世纪30年代一度比较沉默外，一直是设计与理论并重的。他曾是“现代建筑”理论与“纯净形式”风格的倡导人，又是“粗野主义”（Brutalism）和现代“塑性造型”（Plastic Form）的先行者。他一生出版著作40余册，完成的建筑设计约有60件，而设计方案则不计其数。他的言论与作品经常引起人们议论，有人赞成，有人反对。但他所提出来的东西却常常影响着建筑的设计倾向。他常把自

---

① 见上页注。

② 荷兰建筑师杰普·巴克玛（J. Bakema）语。见《今日建筑》（*L'Architecture d'Aujourd' hui*），1975年，第180卷，第7页。

己描绘为一个孤独和不被理解的叛逆者，但不少人认为他对建筑设计的影响可能是自米开朗琪罗之后至今尚未有人超过的。①

1920年10月，勒·柯布西耶在画家奥赞方（A. Ozenfant）的协助下编辑《新精神》杂志（*L'Esprit Nouveau*）。杂志创刊号卷头语的标题是"一个伟大的时代正在开始"。接着他说，这个时代具有一种新的精神，"一种在明确概念指导下的，关于构成与综合的新精神"。② 他要求人们建立新的美学观，建立那由于工业发展而得到了解放的美学观。他说："这种美学观是以'数字'，也就是以秩序作为基础的。"当时，勒·柯布西耶与奥赞方正热衷于所谓纯粹主义（Purism）③ 的绘画研究（图1、图2），这些观点也反映在他的建筑美学中（图3）。他的呼吁在欧洲某些大城市（如柏林、莫斯科等）的艺术界中引起了很大的反响。

---

① 英国建筑历史与理论家班纳姆（R. Banham）语。见《大师的时代》（*Age of the Masters*），1975年，第30页。

② 转引自《走向新建筑》（*Vers une Architecture*），1946年英文版，第101页。

③ 纯粹主义是立体主义的一个支派。他们秉承塞尚的万物之象以圆锥体、球体和立方体等简单几何形体为基础的原则，在绘画中以生活日用品——烟斗、食匙、水瓶和杯子等作为题材，把物体抽象化和几何形化。其目的据说是把立体主义"从一种表现个人的、来自经验的艺术转为一种新型的有秩序和合理的经典性艺术"。其形式比立体主义更为客观与几何形化。

图 1　静物——勒·柯布西耶（1924）

（当时“纯粹主义”画家热衷于表现日常生活中那些具有简单而又与功能相应的轮廓及透明的日用品。这些特点也反映在勒·柯布西耶的建筑作品中）

图 2　最纯粹的构图——奥赞方（1925）

图3　1925年勒·柯布西耶为巴黎博览会设计的“新精神馆”
（建筑像个方盒子，墙壁部分镂空，既包含室内空间，也包含室外空间）

《走向新建筑》是勒·柯布西耶著作中最引人注意的一本。它出版于1923年，至今仍被认为是“现代建筑”的经典著作之一。在书中，勒·柯布西耶系统地提出了革新建筑的见解与方案。全书共7章：（1）工程师的美学与建筑；（2）建筑师的三项注意；（3）法线（Regulating Lines）；（4）视若无睹；（5）建筑；（6）大量生产的住宅；（7）建筑还是革命。

勒·柯布西耶首先称赞工程师的由经济法则与数学计算而

形成的不自觉的美；反对那些被习惯势力束缚着的建筑样式（指当时在建筑思潮中占主导地位的复古主义、折中主义样式）。他认为建筑师应该注意的是构成建筑自身的平面、墙面和形体，并应在调整它们的相互关系中，创造纯净与美的形式。所谓“法线”就是在创造纯净与美的形式过程中作为构图参考用的，是表示构图中各部分的比例或其他关系的准绳，它可能是线条也可能是角度（图4）。

然后，勒·柯布西耶提出了革新建筑的方向。他所要革新的主要是居住建筑，但对城市规划也很重视。他认为，社会上

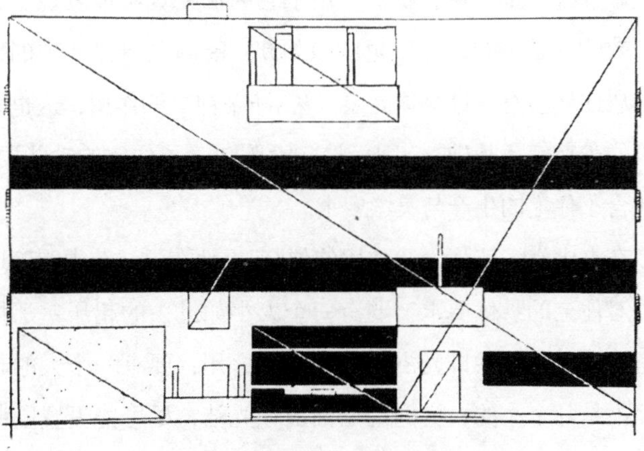

图4　在加歇的斯坦因住宅（Maisonstein，Garches，1927），勒·柯布西耶与P. 让纳雷设计
（住宅立面与立面构图各部分的比例与法线）

普遍存在着的恶劣居住条件，不仅有损健康而且摧残着人们的心灵，并提出革新建筑首先要向先进的科学技术和现代工业产品——海轮、飞机与汽车看齐。他认为，“飞机的意义不在于它所创造出来的形式……而在于它那主导的、使要求得到表达和被成功地体现出来的逻辑……我们从飞机该看到的不是一只鸟或一只蜻蜓，而是会飞的机器”①。于是，勒·柯布西耶提出了他的惊人论点——“住房是居住的机器”。

对于“住房是居住的机器”，勒·柯布西耶的解释是，房屋不仅应像机器适应生产那样地适应居住要求，还要像生产飞机与汽车那样大量生产；机器，由于它的形象真实地表现了它的生产效能，是美的，房屋也应该如此；能满足居住要求的、卫生的居住环境有促进身体健康、“洁净精神”的作用，这也就为建筑的美奠定了基础②。因而这句话既包含了住宅的功能要求，也包含了住宅的生产与美学要求。

在书中有一节称为“住房的便览”。他在这一节中明确地提出了对住宅的具体要求：要有一个大小如过去的起居室那样和朝南的浴室，以供日光浴与健身活动之用；要有一个大的起居室而不是几个小的；房间的墙面应该光洁，尽可能设置壁橱来

---

① 《走向新建筑》，1946年英文版，第102页。

② 同上，第13、245页。

代替重型的家具；厨房建于顶层，可隔绝油烟味；采用分散的灯光；使用吸尘器；要有大片玻璃窗，“只有充满阳光和空气，而且墙面与地板都是光洁的住宅才是合格的”①；选择比一般习惯略为小些的房屋并且永远在思想和实际中注意住宅在日常使用中的经济与方便，等等。为了说明自己的观点，勒·柯布西耶还在书中提出了好几种不同类型的住宅方案，有独立式的、公寓式的、并立式的、供艺术家居住的、作为大学生宿舍的以及海滨别墅等等（图5—图11）。它们普遍注意了不同性质的空间在适应不同使用要求中的布局与联系。空间的尺度与组合都很紧凑。阳光、空气与绿化被视为住宅的三大乐趣。建筑的形式大多是直线、直角的简单几何形体，因为立方体对现代的建造方法最为适应。这样考虑与解决住宅设计的思想和方法在当时完全是新的。

图5 斯坦因住宅面对花园的立面

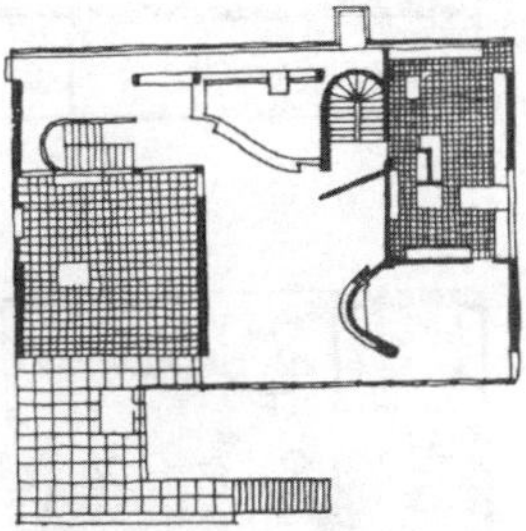

图6 斯坦因住宅平面

① 《走向新建筑》，1946年英文版，第115页。

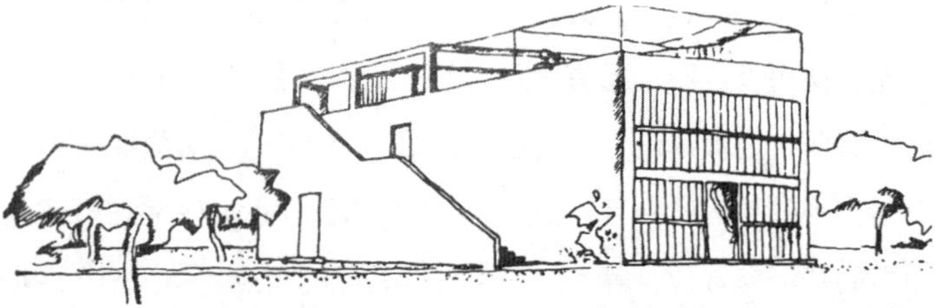

图 7　“雪铁龙”住宅外观

［“雪铁龙”（Citrohan）住宅设计方案（1920），勒·柯布西耶设计的住宅标准单元之一，可以是独立式或并立式，也可以层叠地放在多层公寓中。房屋两边为实墙，当中有一个上下贯通两层的起居室。以“雪铁龙”来命名这种单元意即它可以像汽车那样大量生产］

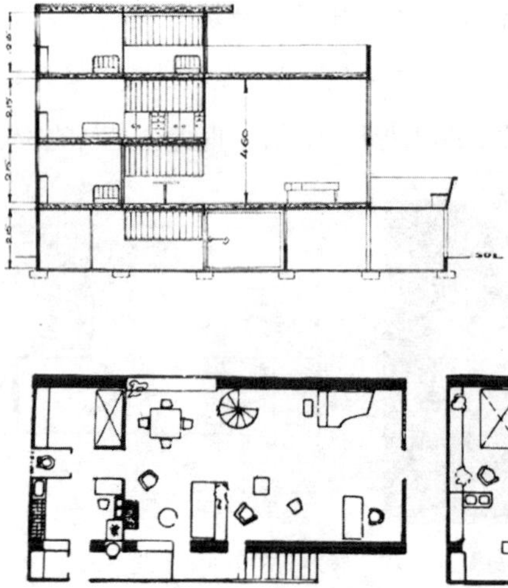

图 8　“雪铁龙”住宅剖面

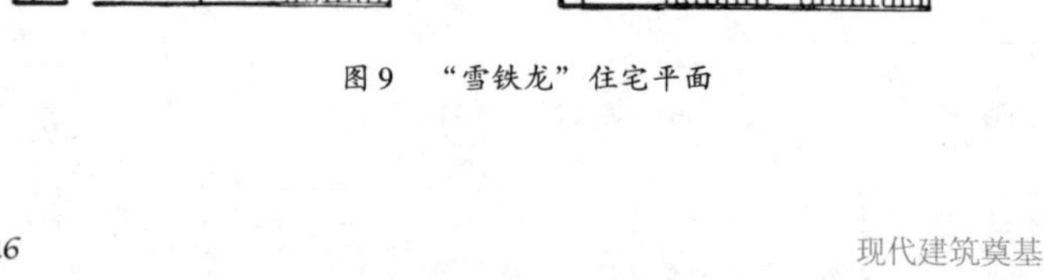

图 9　“雪铁龙”住宅平面

图 10　勒·柯布西耶在 1916 年设计的住宅方案，
其起居室便是上下贯通两层的

图 11　勒·柯布西耶 1919 年提出的称为
“蒙诺”（Monol）的装配式住宅体系
[墙体由双层各厚 1/4 英寸的石棉板（中间填碎石）大型构件装配而成。屋面是拱形瓦楞石棉板，上浇约 1 英寸厚的混凝土。门窗尺寸与石棉板墙体尺寸相应，可相互调整。房屋有一层的，也有两层的]

勒·柯布西耶不仅提出了新的建筑观点，并指出了革新建筑的设计方法：设计不应是自外而内而应是自内而外的，不是自立面而平面而是自平面而立面的——平面是设计的原动力。他提倡使用钢筋混凝土，认为钢筋混凝土骨架结构（图12）可以为灵活间隔空间和自由开设窗户准备条件。他拥护建筑工业化、建筑构件标准化与定型化，并以此作为大量生产住房的前提。在建筑艺术造型上，勒·柯布西耶主张撇清个人情感，反对装饰，净化建筑形式，认为比例是处理建筑体量与形式中最为重要的。他还提出了同立体画派一致的，以表现立方体、圆柱体以及它们在阳光下的光影变化为主的构图手法。这些观点与方法同与他同时期的“包豪斯”学派很相像。但以格罗皮乌斯为代表的“包豪斯”是反对建立任何建筑格式的，而勒·柯布西耶则认为他所提出的以表现几何形立方体空间为主的建筑形式（图3、图5、图7等）——他把它称为“纯净形式”（Pure Form）——意味着一种新风格的来临，并向人们推行。

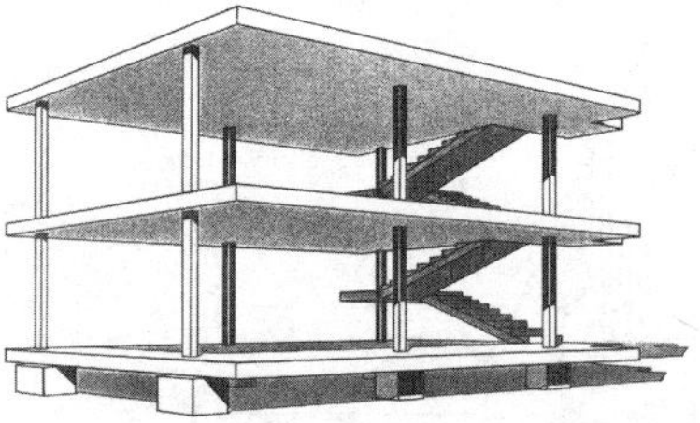

图12　钢筋混凝土骨架结构

在最末一章里，勒·柯布西耶提出了他的另一个惊人的论点："建筑还是革命。"在这里"革命"包含有两方面内容：一是指建筑革命。他说，现在工业、商业、营造业都已经在革新，建筑也应摒弃旧样式，创造自己的新原则。另一是指政治革命。他在这里用他自己的乌托邦主义观点把社会革命片面地归结为住宅缺乏。他说："保证自己有一个居所是每个人的天生本能。然而今日社会上不同的劳动阶层、艺术家和知识分子已再没有适合他们需要的居所了。房屋问题是今日社会不安的根源。"① 他还向那掌握着建造大权的政府与资本家献策：如忽视了这个"警报性的现象"② 就会发生革命，故他们必须在"建筑还是革命"之间进行选择。全书最后以"革命是可以避免的"③ 为结束。这就充分暴露了勒·柯布西耶作为一个资产阶级的知识分子的改良主义的政治观。

在两次世界大战之间，勒·柯布西耶自称为"功能主义"者。所谓"功能主义"，人们常以"包豪斯"学派的中坚德国建筑师布鲁诺·陶特（Bruno Taut）的一句话"有用性成为美学

---

① 《走向新建筑》，1946年英文版，第250页。

② 同上，第268、269页。

③ 同上。

的真正内容”① 作为解释。而勒·柯布西耶所提倡的要撇清个人情感，讲究建筑形式美的“住房是居住的机器”，恰好就是这样的。勒·柯布西耶还认为建筑形象必须是新的，必须具有时代性，必须同历史上的风格迥然不同。他说，“因为我们自己的时代日复一日地决定着自己的样式”②。他在两次世界大战之间提倡的主要风格就是具有“纯净形式”的“功能主义”的“新建筑”。这种试图运用新技术来满足新功能和创造新形式的“新建筑”，后来同以格罗皮乌斯和密斯·凡·德·罗所提倡的“新建筑”，再加上以赖特为代表的“有机建筑”被统称为“现代建筑”（Modern Architecture）。

1926 年，勒·柯布西耶把他的“新建筑”归结为 5 个特点。图 13 是他把“新建筑”同旧建筑进行比较。

1. 立柱。房屋底层透空，下设立柱，立柱把房屋像一个雕像似的举离地面，把地面留给行人。

2. 屋顶花园。房屋的屋顶处理应同把房屋看成一个中空的立方体观点相适应。即屋顶应该是平的，上面可做屋顶花园。

---

① 布鲁诺·陶特曾是 20 世纪初德意志制造联盟的成员，又是德国表现主义派的成员。20 世纪 20 年代“包豪斯”成立后，他积极支持“包豪斯”学派。1929 年，他向英国学生介绍德国的“现代建筑”。这句话是他在关于“现代建筑”的讲话中提出的。

② 《走向新建筑》1946 年英文版，第 82 页。

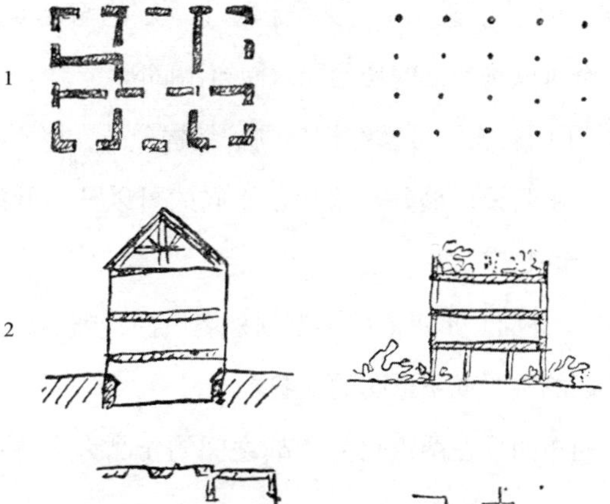

图 13　勒·柯布西耶的“新建筑五点”和“新建筑”（右）与传统建筑（左）之比较

（1—立柱，底层透空；2—平顶，屋顶花园；3—骨架结构使内部布局灵活；4—骨架结构使外形设计自由；5—水平带形窗）

3. 自由平面。采用了骨架结构，上下层的墙无须重叠，内部空间完全可以按空间的使用要求而自由间隔。

4. 水平向长窗。承重结构与围护结构分开，墙不承重，窗也就可以自由开设。最好是采用水平向的可以从房间的一边向另一边开足的长窗。

5. 自由立面。承重的柱子退到外墙后面，外墙成为一片可供自由处理的透明或不透明的薄壁。

勒·柯布西耶在两次世界大战之间的作品大多体现了这些特点。

同年，勒·柯布西耶完成了在法国塞纳河畔布洛涅的柯克住宅（Maison Cook，Boulogne-sur-Seine，1926）（图 14、图 15）。

这是一所基地狭小的城市住宅。它不仅前后空地不多，并紧镶在两幢住宅之间（图 14 左）。设计的特点是竖向发展。屋高四层。底层（图 15 左一）基本上是前后敞通的，这使屋前的小小空地不致显得闭塞。二层为卧室与更衣室（图 15 左二）；三层、四层为起居室、餐室、厨房、书房与屋顶花园（图 15 左三、左四）。起居室占两层高，它与同层的餐室和上面一层的书房、屋顶花园在布局上有着立体的纵横联系。餐室的顶棚很低，但因与两层高的起居室并立与贯通，故并不感到闭塞。同样地，厨房上面的书房的顶棚也很低，但因在视感上借用了起居室的空间而不感到狭小。起居室上部的窗户开向屋顶花园，与屋顶花园在视野上的联系使它更显宽敞。卧室的面积不大，家具合理布置。窗户是横向的长窗，有助于消除小面积房间的闭塞感。

图 14　法国塞纳河畔布洛涅的一组（三幢）住宅，1926 年。［当中一幢是柯克住宅（详见左线图）。设计人：（左）马莱特·斯蒂文斯（Mallet-Stévens），（中）勒·柯布西耶，（右）雷蒙·菲舍尔（Raymond Fischer）］

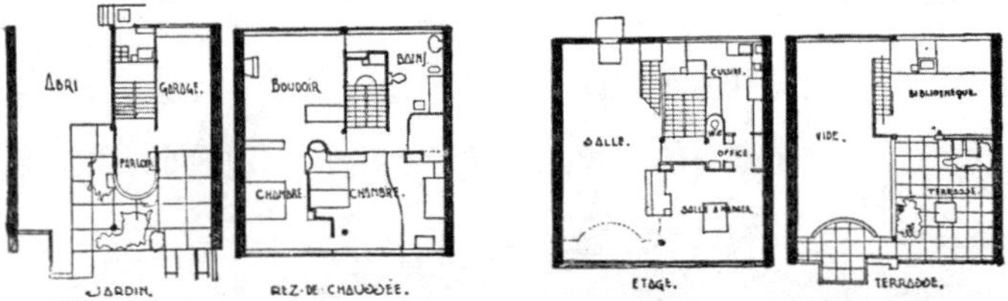

图 15　柯克住宅平面（自左至右）底层、二、三、四层

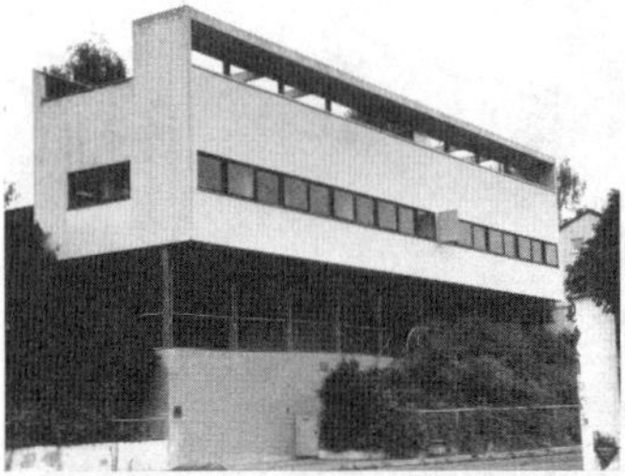

图 16　勒·柯布西耶在魏森霍夫住宅新村中设计的钢住宅（1927）外观

图 17　钢住宅二层的卧室和起居室

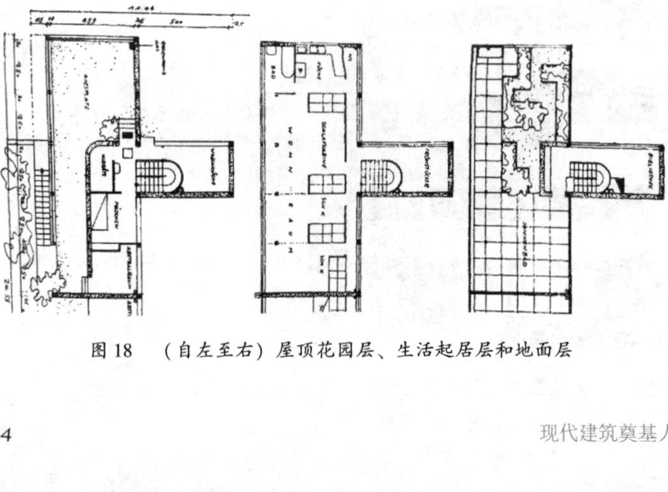

图 18　（自左至右）屋顶花园层、生活起居层和地面层

建筑形式简洁。雪白的粉墙上除了大面积的横向长窗外就是悬臂挑出的阳台与雨棚。阳台的正面是实的，两侧用黑色水平向铁栏杆同房屋联系，它们在强烈的阳光下形成了明显的光影效果（图 14 左线图）。

结构为承重墙与钢筋混凝土的梁柱并用。他在紧贴邻屋的两片承重墙之间布置了三根钢筋混凝土柱子。骨架结构给空间的竖向与横向自由分隔带来了很大的便利。

柯克住宅是勒·柯布西耶在 1920 年就开始提出的所谓“雪铁龙”式住宅方案（图 7—图 9）的具体体现。

1927 年，勒·柯布西耶参加了德意志制造联盟在斯图加特主办的住宅展览会。他在此设计了两幢住宅，均具有上述的“新建筑五点”与在视感上借用空间的特征。在造型上，那讲究纯几何形立方体和它们的光影变化的“纯净形式”显得更为突出（图 16—图 18）。

翌年，由欧洲的“现代建筑”学派共同发起的“国际现代建筑协会”（Congrès Internationaux d’Architecture Moderne，简称 CIAM）组成。勒·柯布西耶是协会的主要创始人之一。

在所有勒·柯布西耶设计的住宅中，被认为最具有代表性的是萨伏伊别墅（Villa Savoye，Poissy，1928—1931）（图 19—图 23）。

图 19　萨伏伊别墅外观

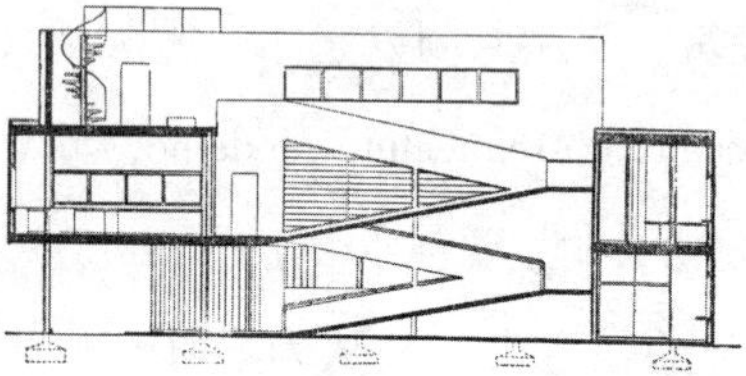

图 20　萨伏伊别墅剖面

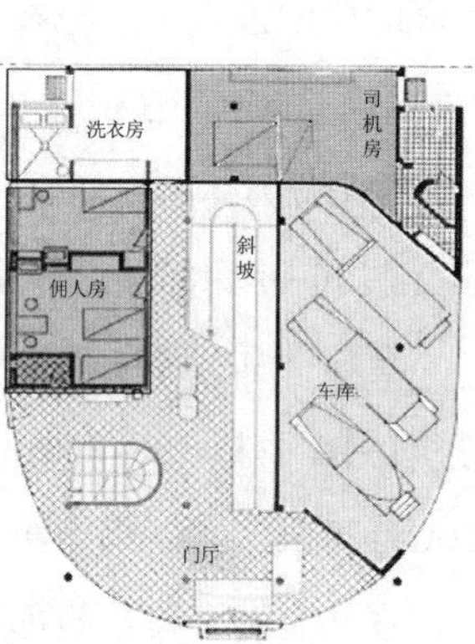

图 21　萨伏伊别墅底层平面，有门厅、车库及仆人用房

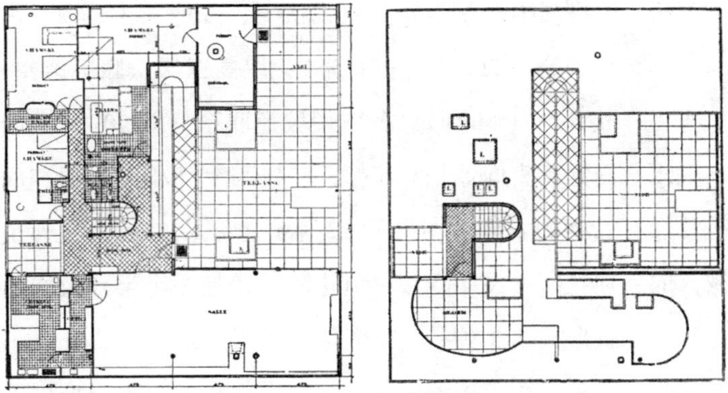

图 22　萨伏伊别墅（左：楼层；右：屋顶层平面）

图 23　萨伏伊别墅起居室与窗外的平台

这是一座周围有花园的独立式住宅，占地3.3公顷。房屋平面接近方形（20.5米×20米），屋高三层，底层透空，汽车可直驶入内（图21）。各层用坡道联系（图20），空间不仅水平向并垂直向地相互穿插，室内与室外相互贯通打成一片。在二楼的主要层中（图22左）起居室特大，室外是露天的屋顶花园（图23）。屋顶花园一角是一个半开敞的休息廊。这就形成了3种——完全暴露于阳光之下的、既遮阳又开敞的、完全在室内的——不同性质的空间。由于采用了骨架结构，墙与楼板在各层中不必统一，可以按需要而自由布置。立面构图严谨，全部为直线、直角的几何形，各部分的比例采用了黄金节①。搁置在底层立柱上面的部分，为了强调其内部的中空感，四面墙壁略挑出于柱子之外，使之看上去像一个薄壁的方盒子，而包含在这个方盒子里的却是无限的阳光与空气。同时，雪白粉墙上的虚实对比在阳光下形成了强烈的光影变化。这可说是“新建筑五点”与“纯净形式”的一次彻底体现。

---

① 历史上一些艺术家认为长方形的两边边长比例为1:1.618时，其形状最稳定与经看。达·芬奇把它命名为黄金节（Golden Section）。

萨伏伊别墅的空间布局手法灵活，但生硬的盒子式造型不能普遍被人接受。此外，底层透空、屋顶花园在此宽敞的场地上似不及柯克住宅来得有意义。无怪后来一度被用来作为仓库。但是，它强烈地体现了20世纪20年代欧洲“现代建筑”的观点。尽管它曾被指摘与抨击，然而直到50年代仍有不少人自称曾从它那里获得关于“现代建筑”的启示。因而它被认为是“现代建筑”的经典作品之一，并被列为法国的文物保护单位。

巴黎市立大学的瑞士学生宿舍（Pavilion Suisse，1930—1932）（图24—图26）是勒·柯布西耶第一座引人注意的公共建筑。它的结构方法是把上层的盒子部分搁置在两根由6个大墩柱所支承着的大梁上（图26）。这就加强了勒·柯布西耶所要创造的，以上面的立方体同下面透空的对比来突出表现建筑空间的效果。后面的食堂是低层的，墙面呈曲面形（图24、图26）。这是勒·柯布西耶，也是“现代建筑”学派经过了近10年的坚持直线、直角的几何形体后，采用曲线形体的先声。它的粗石墙面，像一幅壁画似的，同高层宿舍外墙上严谨划分的格子与玻璃窗形成对比（图24）。

图 24　巴黎市立大学瑞士学生宿舍食堂外面的弧形粗石墙

图 25　巴黎市立大学瑞士学生宿舍总体外观

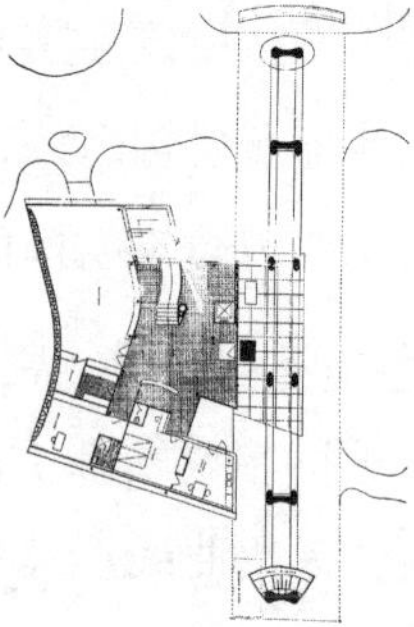

图 26　巴黎市立大学瑞士学生宿舍平面

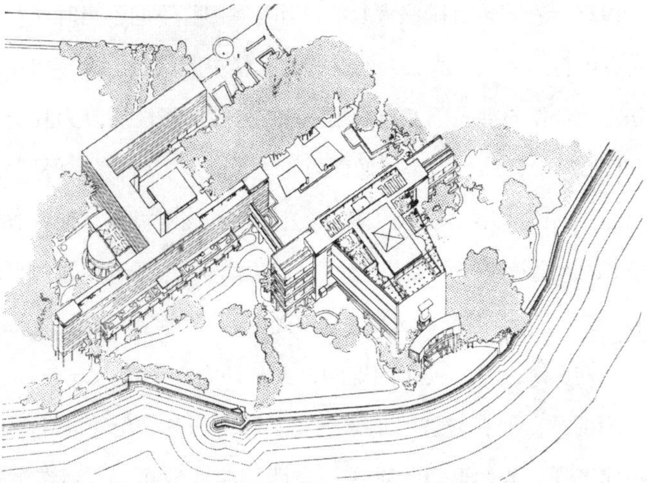

图 27　国联大厦设计方案，总体鸟瞰，左为秘书处大楼，右为会堂

图 28　国联大厦设计方案，秘书处大楼侧面外观

1927年在日内瓦国联大厦的设计竞赛中，不同于当时流行的把所有内容综合在一座宏大而对称的大楼中的做法，勒·柯布西耶和与他合作的堂兄弟P. 让纳雷把内容按功能性质分为几个部分（图27、图28）。办公楼像德国的“包豪斯”校舍那样是自由布局的，不论是大国或是小国的办公室均能面对湖景。拥有2600座楔形的大会堂直伸到湖滨。为了适应声学要求，会堂的顶棚呈曲面形，结构是纵向搁置的大梁。这些处理，在当时都是少见的。

在初选时，勒·柯布西耶的方案被评为9个优秀方案之一，并名列前茅。但在复选时他落选了。后来任务交给了4位学院派的建筑师。他们采用了勒·柯布西耶的分散布局，但在形式上却穿上了折中主义的外衣。勒·柯布西耶对此非常气愤，到处申诉，写书揭发并把状告到海牙国际法庭。

对苏联社会主义建设的同情使勒·柯布西耶在苏联第一个五年计划（1928—1932）时期不仅访问了莫斯科，并通过竞赛为他们提供了好几个设计方案。其中之一是莫斯科的“合作大楼”（Moscow Centrosoyus，图29）。大楼与日内瓦国联大厦方案一样，重视不同功能的各部分的形体表现和它们的几何形组合。“合作大楼”的建造虽由苏联建筑师利昂尼多夫（Leonidor）在1929—1934年负责完成，但事实上是勒·柯布西耶第一幢问世的公共建筑。

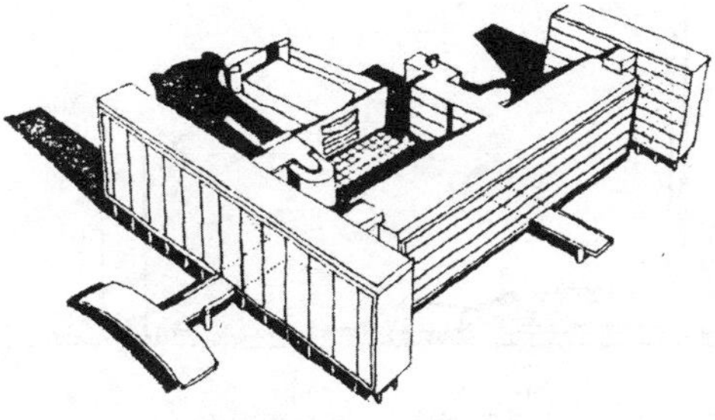

图 29　莫斯科“合作大楼”

图 30　巴西教育卫生部大楼

1930 年，勒·柯布西耶应巴西政府之邀参加了里约热内卢的教育卫生部大楼设计（1937—1943）（图 30），这为以后流行的外形以几何形格子遮阳板为特征的板式高层建筑创造了先例。底下三层的透空使马路延伸到建筑下面，达到了不使偌大的房屋隔断土地，亦即勒·柯布西耶所谓解放土地的目的。

第二次世界大战之后，“现代建筑”被普遍接受，勒·柯布西耶名声大震。1947 年，他应邀参加设计联合国设在纽约的总部。现在的联合国总部虽是集体设计，事实上是以勒·柯布西耶 1947 年提出的方案（图 31）为基础的。

在城市规划方面，勒·柯布西耶倾向于集中式的大城市。他认为现存大城市中的痼疾是缺乏规划所致，因而提倡对它们进行改造。

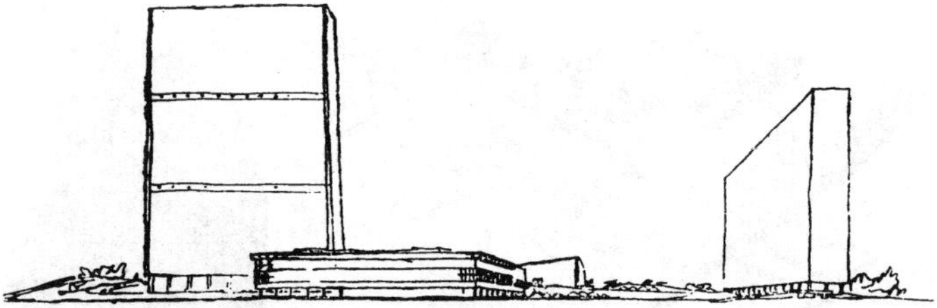

图 31　1947 年 3 月，勒·柯布西耶为联合国总部提出的方案，后来即以此方案为原型设计

勒·柯布西耶认为城市有四大功能：居住、工作、游息与交通。规划的任务就是要保证四大功能的正常运转。① 他在 1922 年提出了一个拥有 300 万人口的称为“当代城市”的设想方案（Plan Villa Contemporaine，图 32—图 36）；1925 年为巴黎市中心的改造提出了一个称为“伏瓦生规划”的方案（Plan Voisin，图 37）；以后又为安特卫普、斯德哥尔摩和阿尔及尔等国外大城市做了改建方案。方案的共同特点是按功能将城市分为工业、商业与居住等区；在市中心建造高层建筑（图 32、图 33、图 35）以降低建筑密度和留出空地供城市绿化和市民体育活动之用；房屋底层透空，使城市地面

① 这些观点后为 CIAM 所认可，并在 CIAM 提出的《雅典宪章》（*Charter of Athens*）中得到较全面的阐明。《雅典宪章》制定于 1933 年 CIAM 的第四次会议中，会议在雅典举行，故名。

从建筑基地中“解放”出来，并使房屋不致隔断地面行人视野；道路呈整齐的棋盘式，人行与车行分道，车行道又按交通量与车速分别布置，它们与城市各种管网分层设置在地面与地下（图33、图34）；在道路交叉口建立体交叉。

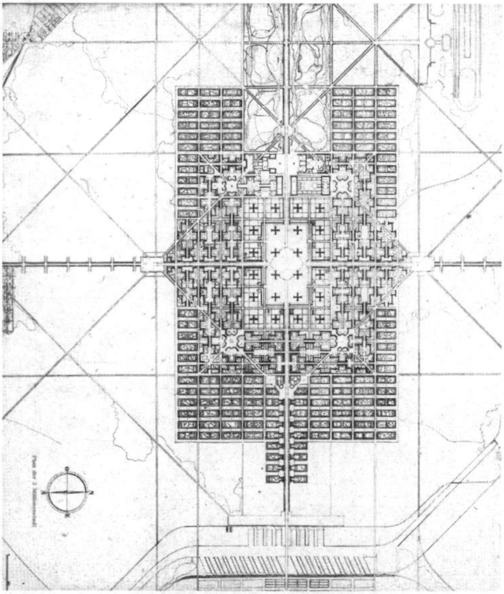

图32 “当代城市”设想方案总平面

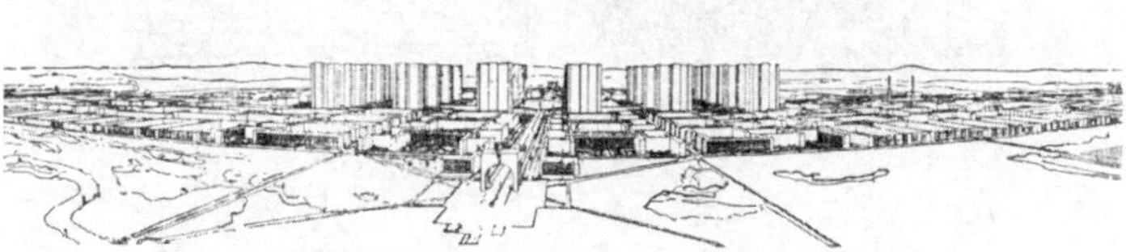

图33 “当代城市”鸟瞰

（高低层相结合，呈直向分层的交通系统，城市入口处设有新型的凯旋门似的大门）

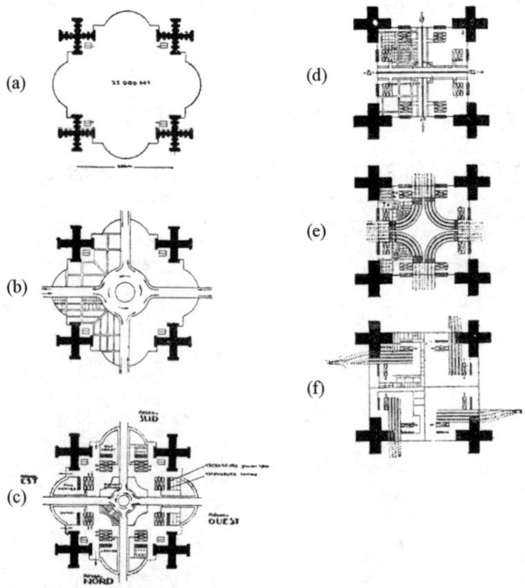

图 34　“当代城市”中心的交通枢纽

[（a）顶层，出租飞机停机场；（b）中间层，快速车道；（c）地面层，各铁路线入口；（d）地下一层，地下铁道；（e）地下二层，市际与市郊线；（f）地下三层，国际线]

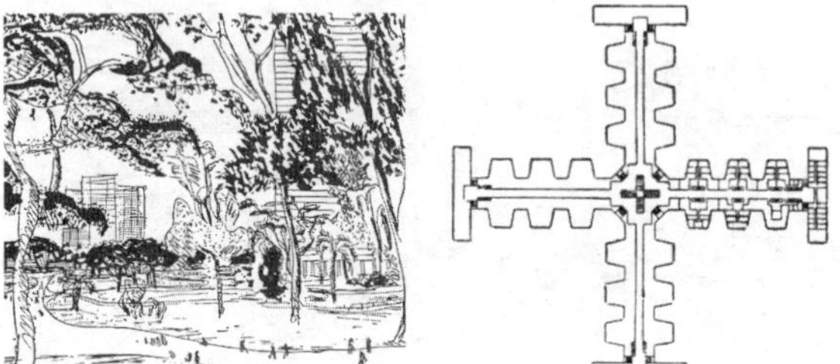

图 35　“当代城市”的“十”字形高层建筑平面与勒·柯布西耶对它的环境设想

(这种由大片绿地包围着的一座座独立的高层建筑形象成为后来高层建筑环境设计的模式)

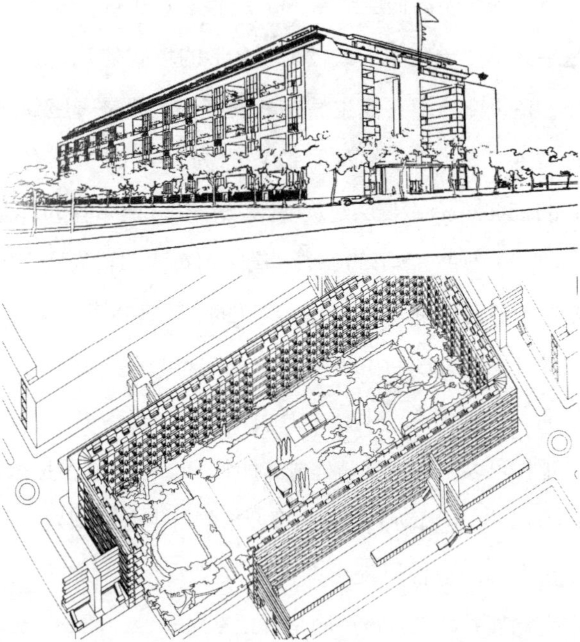

图 36　“当代城市”的“住宅大楼”(Immeuble House)
[每座大楼含住宅120单元，各单元占两层，各户有自己的花园（上下贯通两层的大阳台），内部空间类似“雪铁龙”住宅（图7—图9），楼内备有各种公共活动设施]

图 37　巴黎市中心“伏瓦生规划”方案（1925），图左为保留的卢浮宫

城市中的房屋高低层结合。高层建筑（图33、图35）高60层，是平面呈“十”字形或“Y”字形的塔式建筑。它除了供居住外，还设商店和其他生活福利设施，俨然是一座独立的垂直的小城镇。勒·柯布西耶把它称为城市的“居住单位”(Unité d’Habitation)。低层建筑（图36）有分散布置的，也有呈“口”字形或“弓”字形的长条。勒·柯布西耶认为城市建筑的美主要在于那大规模规划与大量生产的、表现在群体中的轮廓、细部、材料与结构方法中的一致性、和谐性与秩序感[①]。

然而，由于没有一个几百万人口的城市能像勒·柯布西耶想象的那样可以一次规划与建成，即使有，问题也不那么简单。“伏瓦生规划”也因勒·柯布西耶要求把市中心拆到只剩下卢浮宫而不被理睬。但他所提出的问题以及一些具体的解决办法，却是很有启发并越来越被证明是有预见性的。

勒·柯布西耶关于城市的“居住单位”的设想直到20多年后才得以实现。这就是马赛公寓（Unité d’Habitation，Marseilles，1947—1952）(图38—图45)。当时法国由于第二次世界大战的破坏，正热衷于重建它的城市。勒·柯布西耶那时已蜚声国际建坛，法国政府也就给他一个实践他夙愿的机会。

---

① 《走向新建筑》，1946年英文版，第224～226页。

图 38　马赛公寓全貌

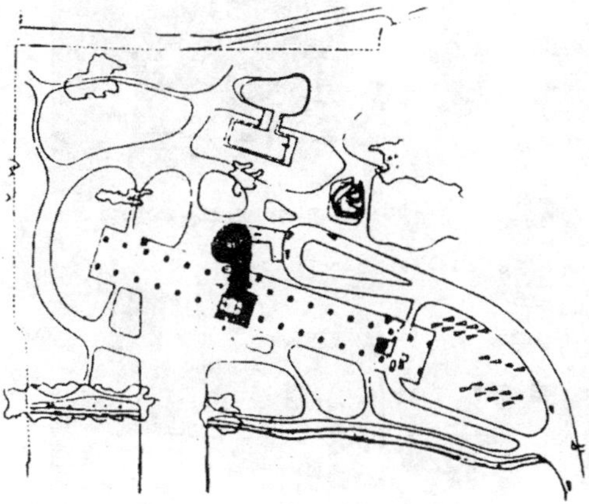

图 39　马赛公寓总平面

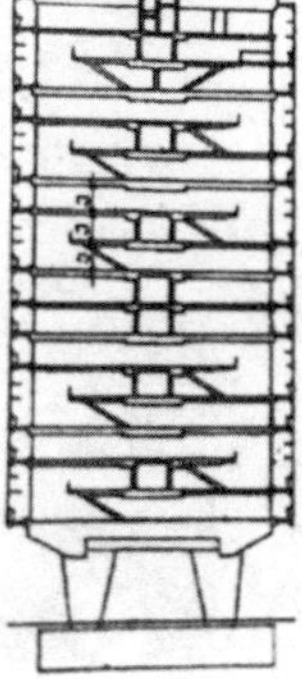

图 40　马赛公寓剖面

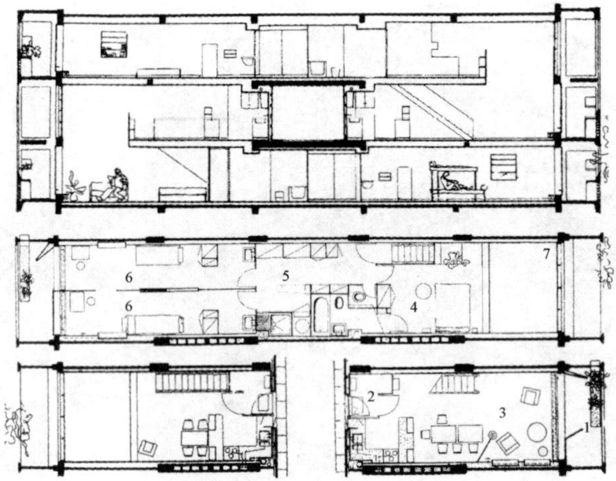

图 41　马赛公寓单元平面与剖面

图 43　马赛公寓底层

图 42　马赛公寓侧面外观

图 44　马赛公寓顶层

图 45　马赛公寓
(1—走廊；2—健身房；3—室外茶座；4—茶室；5—儿童乐园；6—保健站；7—幼儿园；8—托儿所；9—商店；10—作坊；11—洗衣房；12—门房；13—车库；14—标准户)

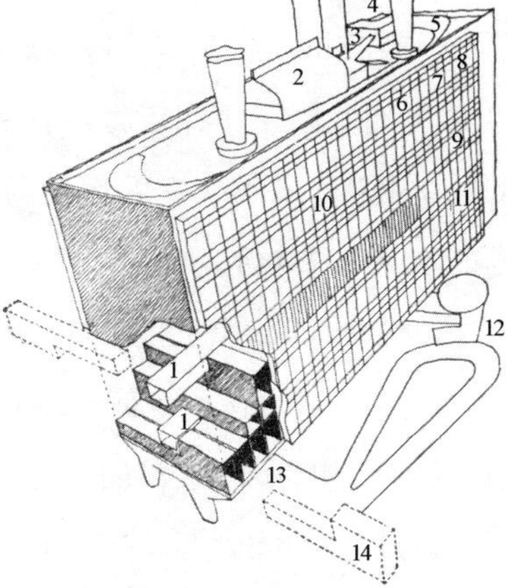

马赛公寓正如勒·柯布西耶早在他的城市规划理论中所说过的，不仅是一座居住建筑而是像一个居住小区那样，独立与集中地包括有各种生活与福利设施的城市基本单位。它位于马赛港口附近，东西长 165 米，进深 24 米，高 56 米，共有 17 层(不包括地面层与屋顶花园层)。其中第 7、8 层为商店，其余 15 层均为居住用。它有 23 种不同类型的居住单元，可供从未婚到拥有 8 个孩子的家庭共 337 户使用。它在布局上的特点是每三层作为一组，只有中间一层有走廊（图 40、图 41)，这样 15 个居住层中只有 5 条走廊，节约了交通面积。室内层高 2.4 米，各居住单元占两层，内有小楼梯。起居室两层高，前有一个

绿化廊，其他房间均只有一层高。第7、8层的服务区有食品店、蔬菜市场、药房、理发店、邮局、酒吧、银行等。第17层有幼儿园、托儿所，并有一条坡道引到上面的屋顶花园。屋顶花园有一个室内运动场、茶室、日光室和一条300米的跑道（图44）。

结构为钢筋混凝土骨架支在底层的巨大支柱上（图40、图42、图43）。墙面由预制震荡混凝土构件组成，其他部件如遮阳板、阳台等均为预制装配的。处于底层与上面第一层之间的夹层为空调、电梯马达等设备层（图40）。

20世纪50年代初这座建筑完成时在建筑界引起很大的反响。首先是它的俨若小城镇似的丰富内容，其次是它大规模地试行了跃层的布局方式。但是，最引人议论的还是它的形式，即那体态沉重、表面毛糙和构造粗鲁的后来被称为“粗野主义”的建筑风格。

至于它在内容上的包罗万象，由于住在大楼中的人不一定都在大楼商店中买东西，而外面的人也不会进去买，因而生意清淡，经常租不出去。后来勒·柯布西耶设计的好几幢此类大楼，都把这方面的内容去掉了。而“粗野主义”风格不仅成为勒·柯布西耶在“二战”后的主要风格，并且影响很大，一度在欧洲、美国、日本均有反映。

“粗野主义”风格从形式上看同勒·柯布西耶早期提倡的“纯净形式”似乎格格不入，其实从美学观看它们是一致的。即都以表现建筑自身为主，都只讲究建筑形式美，认为美是通过调整构成建筑自身的平面、墙面、空间、轮廓、形体、色彩、材料质感的比例关系而获得的。它们的不同在于对美的标准不同。萨伏伊别墅以钢筋混凝土梁柱同砖石结构比较，认为美的标准是轻盈、灵活、光滑、通透、明亮。而“粗野主义”则以混凝土的性能与质感同当时已经流行的钢结构来比较，认为沉重、毛糙、粗鲁是美的。在马赛公寓中，底层的柱子特别肥大，墙面与各种部件的混凝土粒子大、反差强，连施工时的模板印子还留在那里（图43），房屋各部件的衔接被粗鲁地碰撞在一起。据说这种美学观是同第二次世界大战后一段时期的现实情况有关的，是同当时一方面迫切需要大量建造，另一方面在经济与技术上尚存在着不少问题相应的。因而有人把它解释为是要从当时的混乱中“牵引出一阵粗鲁的诗意来”①，不过后来当它成为一种流行的风格后，这种原意也就消失了。

① 英国建筑师史密森（P. Smithson）语。见《现代建筑运动》（*Modern Movement in Architecture*），1973年版，第257页。

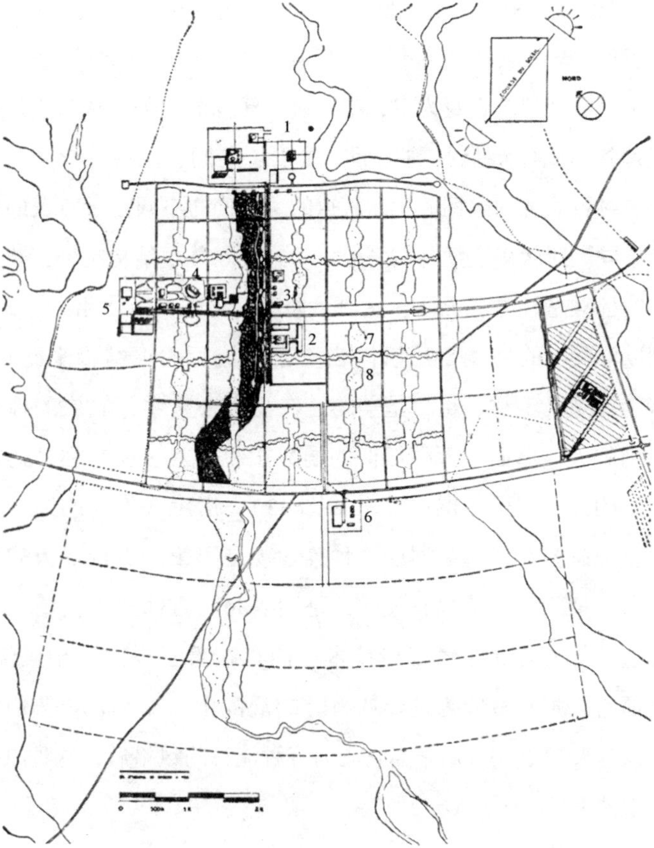

图 46　印度昌迪加尔市规划

[1—政府机关区；2—商业区；3—旅馆饭店；4—博物馆体育场；5—大学区；6—商场；7—绿化带（文体建筑）；8—商店、街市；南面为扩建用地]

勒·柯布西耶的“粗野主义”还表现在印度昌迪加尔市（Chandigarh）的政府建筑群（图46—图51），法国埃夫勒的勒·土雷特修道院（Le Tourette, Evreux, 1960，图52—图55）和日本东京的西方美术馆（图56、图57）中。然而“粗野主义”只是它们的造型风格，每幢建筑还有它自己的特点。

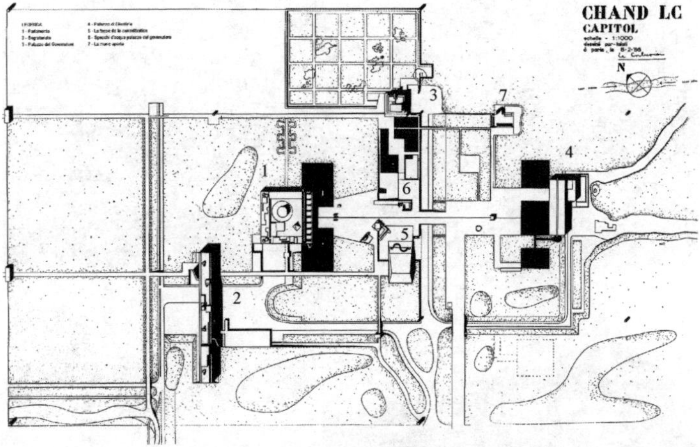

图47　昌迪加尔市规划中的政府机关区规划
（1—大会堂；2—行政办公楼；3—邦长官邸；
4—邦政府；5—水池；6—雕塑“张开的手”）

图 48　由最高法院门廊处外眺（原设计草图）
（自左至右：行政办公楼、大会堂、“张开的手”）

图 49　昌迪加尔市议会大厦

图 50　昌迪加尔市最高法院

图 51　最高法院屋顶夹层，檐下拱顶便于通风
（法院前面为行政广场，远处为“张开的手”）

图 52　勒·土雷特修道院外观

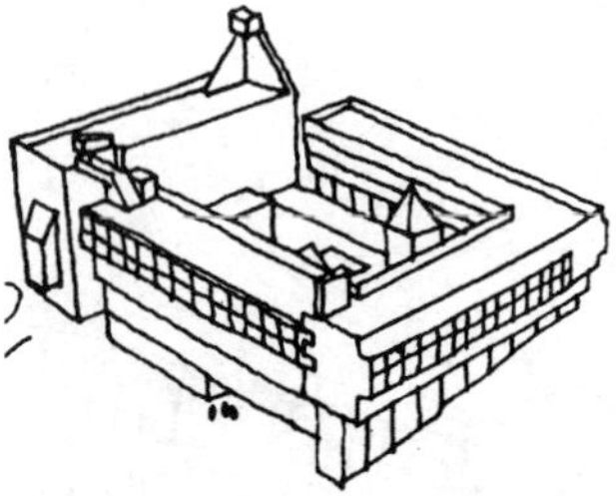

图 53　勒·土雷特修道院示意图，
左上为教堂

图 55　勒·土雷特修道院食堂内观

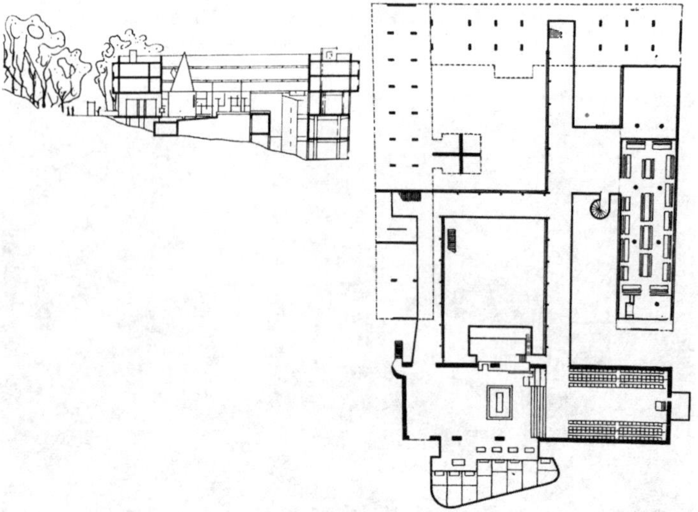

图 54　勒·土雷特修道院剖面与二层平面

昌迪加尔市最高法院（图 50、图 51）的肥胖的柱子已超出了结构上的需要。毛糙与粗鲁的钢筋混凝土窗格虽有利于遮阳，但其尺度与构图似乎更注重造成“粗野主义”气氛。室内是一个高四层的大厅，用坡道联系，由于屋顶夹层、出挑很大，筒形拱屋面与檐部之间的空隙可以通风（图 51），外加前后墙的漏窗与外面的水池，故显得比较荫蔽与凉快。

勒 · 土雷特修道院造在里昂附近一处森林边缘的山坡上。建筑环绕一内院布局（图 53），规模不小，内有修士约 100 人。上面是修士的居室，下面是课堂与食堂，教堂处于内院的一侧。居室（图 52）外墙的混凝土粒子特大，形成造型上的原始感，深深的格子形窗洞开向远处的大自然，显得寂静而孤独，表现了远离尘世苦苦修行的含义。课堂与食堂的窗棂疏疏密密，距离上的不规则隐喻了时间上的莫测。修道院粗鲁与生硬的造型再次说明了“粗野主义”的特色。

东京上野公园的西方美术馆（图 56、图 57）是日本建筑师前川国男（Maekawa）、坂仓准三（Sakakura）等按勒 · 柯布西耶的草图（1953）实施完成的（1959）。展览馆（图 57 左）形体简单，但屋顶的自然采光为室内创造了特殊的气氛（图 56）。草图上的小展览馆（图 57 右）预告了后来在苏黎世的勒 · 柯布西耶中心（Le Corbusier Center，1965—1968）用两个方形的伞顶

图 56　建成后的东京西方美术馆展览大厅（1959）

图 57　勒·柯布西耶为日本东京设计的西方美术馆手稿（1953）

屋盖的做法。

正如勒·柯布西耶的城市“居住单位”直到第二次世界大战后才得以实现一样，他关于城市规划的设想也是到 20 世纪 50 年代才得到实践的。

印度旁遮普邦的首邑昌迪加尔市的规划（图 46）始于 1951 年。规划人口为 15 万，远期人口为 50 万。整个城市用道路划分为 20 余个长方形的居住地段（Sector），每个地段面积约为 100 公顷（约 800 米×1200 米）。各地段内有商店、市场、医疗卫生等公共设施。道路呈整齐的棋盘式；绿化成带，南北贯穿每一地段，并相连形成一个完整的绿化系统。市商业中心位于全市的几何中心。联系市商业中心的两条相互垂直的大道是全市的主要道路，在主要大道两旁还有商店等公共建筑。小学校设在各地段的绿化带内。自行车道自成一系统贯穿绿化系统。城市的东部是工业区，但在规划时就对发展工业的必要条件与设施考虑得很不足。

处于城市北部湖滨高亢的地方是邦政府的行政建筑群，它有高等法院、议会大厦（图 49）、行政大楼和邦长官邸等，自成一系统。在它们的东面是公园。

昌迪加尔市的布局简单，系统井然。但由于房屋间距太大，虽经过了 30 余年的建设，至今仍使人感到过于开敞与有些荒凉，缺乏城市居住所应有的亲切感。

勒·柯布西耶在第二次世界大战后所有作品中最引人注意的是朗香圣母教堂（简称朗香教堂，Chapel de Notre Dame，de Haute Ronchamp，1950—1953）(图58—图65)。它的出现对建筑界可谓是一个震动性的意外——一向讲究几何形“纯净形式”美的勒·柯布西耶怎会做出这样一个东西？

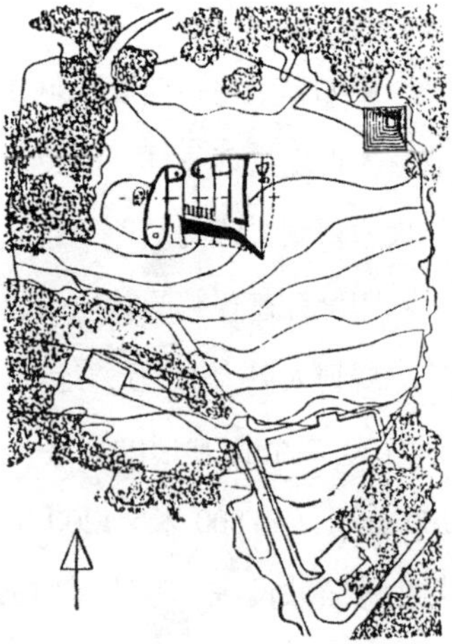

图58　朗香教堂（1950—1953）总平面及教堂平面图

对于教堂设计似乎无须我们去做太多的探索，但是朗香教堂不仅是勒·柯布西耶创作生涯的一个大转变，也是“现代建筑”在第二次世界大战后的新发展。

图59　朗香教堂南立面（左），东南立面（右）

图 60　朗香教堂西北面外观，图右为祷告室

图 61　朗香教堂内观，图左厚墙为教堂南墙

图 62　朗香教堂东南外观

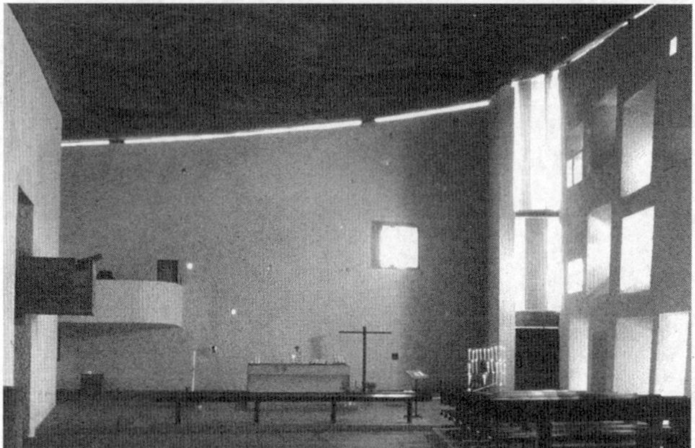

图 63　朗香教堂内观，图正面为教堂东墙

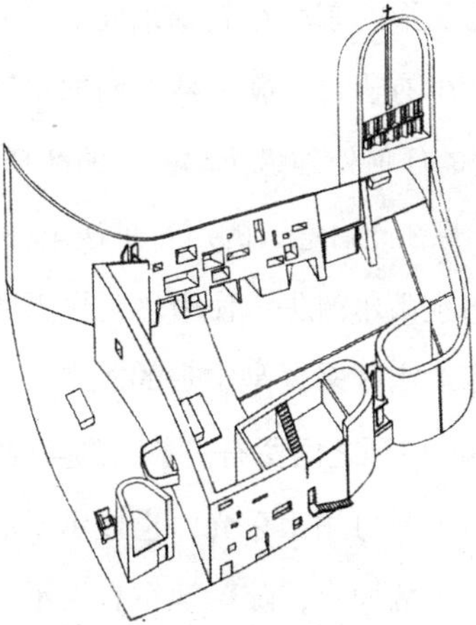

图 64　朗香教堂轴侧横断面图

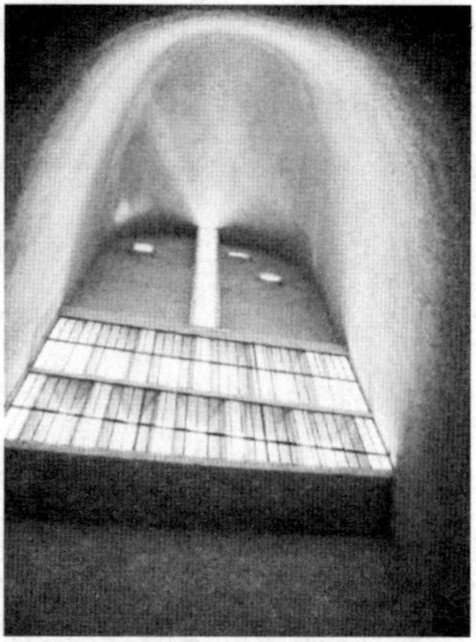

图 65　朗香教堂塔状祷告室内部

教堂位于法国东部孚日山区的一个古老乡村——朗香。它处在一个小山冈上（图 58）。这里本来有一个香火极盛的小教堂，在第二次世界大战时被毁。新建的教堂规模不大，仅容百余人；但东面有一场地，在宗教节日时可容纳朝圣者万余人。教堂平面呈不规则弧线形（图 62），形体奇特。入口在南边，旁边是一个像粮仓似的塔楼（图 59、图 60）。塔楼内是一个可供 12 个人祷告的神龛。教堂东部是圣坛，圣坛背后的墙向外弯曲。圣母像放在墙上部一个小窗上。当有人在东面场地朝圣时，可将圣母像转向窗外。圣坛上面的屋檐，深深地向外出挑并向上卷曲（图59、图62）。屋檐与弧形的东墙在教堂东面形成一个很开阔的向外开敞的长廊，廊中有讲台。勒·柯布西耶毕竟曾是 个理性主义者，善于为他的任何处理赋予功能上的解释：这里的屋檐与墙面的处理有利于将在此讲道人的声音扩送出去；向上卷曲的屋顶，在下雨时有防止雨水散失，使雨水汇聚入西北面一个蓄水池中的作用，雨水对山区来说是宝贵的。房屋为钢筋混凝土结构，在墙顶和卷曲的屋顶之间留有一条高约40厘米的长带形空隙（图64、图65），既可用来采光，也显示了墙身是不承重的。南面弯曲倾斜的厚墙面上，疏落地布有大小不一、外大内小、装上彩色玻璃的窗孔。阳光由墙顶上的长带形空隙和这些窗孔中射入室内（图61、图63），酿成了非常神秘的气氛。屋顶棕色，有意保留着钢筋混凝土模板的痕迹，使之具有木材的质感；墙面是白色水泥拉毛粉刷。

在这里，勒·柯布西耶违背了他过去所提倡的，建筑艺术以表现建筑自身为主的理性主义观点，而是试图通过建筑的艺术形象来表达该教堂不同于其他建筑与朗香教堂不同于其他教堂的个性与特征。在手法上也不是以调整建筑自身的比例以达到美的效果，而是采用表现与象征。据说，勒·柯布西耶在设计前曾在基地的上下左右徘徊与沉思了数天。基地上的自然景色与它的内在节奏、教徒的朝山进香与忘我的膜拜深深地吸引了他并激发了他的想象力。他认为教堂既然是可感知的教徒与他们的心灵会合的地方，就要把它造成一个“高度思想集中与沉思的容器”①，因而所有的功能与形象都是环绕着这个主题考虑的。对于功能的考虑，前面已经介绍过了，对于形象的考虑他也是深思熟虑的。例如南墙片东端的挺拔上升，在下面看上去有如指向上天；房屋的沉重与封闭，暗示着它是一个安全的庇所；东面长廊的开敞，意味着对朝圣者的欢迎；此外，墙体的倾斜、窗户的大小不一、室内光源的神秘感与光线的暗淡、墙面的弯面和棚顶的下坠等等，都容易使人失去衡量尺度、方向、水平与垂直的标准，这对于那些精神上本来就不很稳定的信徒来说，会加强他们的“唯神忘我”感；再如，在塔状的祷告室（图65）中并没有悬挂十字架，但位于高处接近塔顶的一条空隙不仅把光线引入阴暗的祷告室中，还象征了祷告者心灵与上天的相通。无怪后来有人说：“这座建筑开辟了后现代主义隐喻建筑的新时代。”②

朗香教堂还是现代“塑性造型”中的一个典型实例。在这里房屋不像是由墙面、屋顶等各种部件组合构成的，而像是对一个实体进行雕塑、镂空而成的。它形体自由、线条流畅，无

---

① *Le Corbusier*, *1946—1952*, 1961, Zürich, p. 72.

② Charles Jencks, *Le Corbusier-Tragic View of Architecture*, 1973, 1987.

怪人们常说，与其说它是一幢建筑还不如说它是一座抽象艺术的混凝土雕塑品。

对于朗香教堂勒·柯布西耶是满意的。他说，这是“我创作生涯的一颗明珠”①。但当时建筑界中不少人，特别是那些所谓勒·柯布西耶的忠实追随者对朗香教堂的出现不仅感到惊讶，甚至认为这是勒·柯布西耶对“现代建筑”与对他们的无情背叛。这是因为他们只欣赏勒·柯布西耶的现代主义、理性主义和“纯净形式”，而没有看到勒·柯布西耶对自然、对乡土传统与对建筑个性的感情。事实上，勒·柯布西耶在1930年的阿尔及尔规划、1936年的里约热内卢规划以及以后一系列在法国、瑞士、比利时等许多国家的许多城市规划中，丝毫没有搬用“当代城市”的几何形图式，而是在各个城市的自然景色感染中结合现实进行规划的。例如阿尔及尔和里约热内卢的道路系统与建筑便是顺着海湾及其沿海山势的节奏而逶迤的（图66、图67）。而且，勒·柯布西耶在20世纪30年代时便接连设计了一系列的地方性与乡土性甚浓的建筑（图68、图69）。此外，勒·柯布西耶的建筑也不全都是梁柱结构，或采用新结构只是为了满足新功能的。早在1919年他便提出了称为“蒙诺”的

① *Contemporary Architects*, St. Martins Reference Books, 1980.

图 66　里约热内卢自然景色，勒·柯布西耶手稿
（1936 年由勒·柯布西耶新规划的城市道路沿着海湾而逶迤）

图 67　勒·柯布西耶和 P. 让纳雷 1932 年为阿尔及尔设计的高层住宅

图 68　勒·柯布西耶 1930 年设计的一座智利住宅

图 69　勒·柯布西耶 1935 年设计的一座在巴黎附近 Mathes 的住宅

图 70　勒·柯布西耶 1922 年设计的一个艺术家画室，
后来他自己在巴黎的工作室（1933 年设计）基本上也是如此

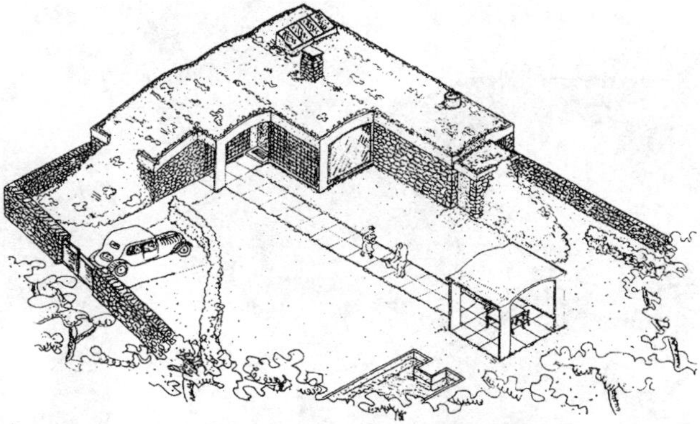

图 71　勒·柯布西耶 1935 年设计的一座在巴黎近郊的周末别墅

图 72　尧奥住宅（Maisons Jaoul，1955）外观

图 73　尧奥住宅内观

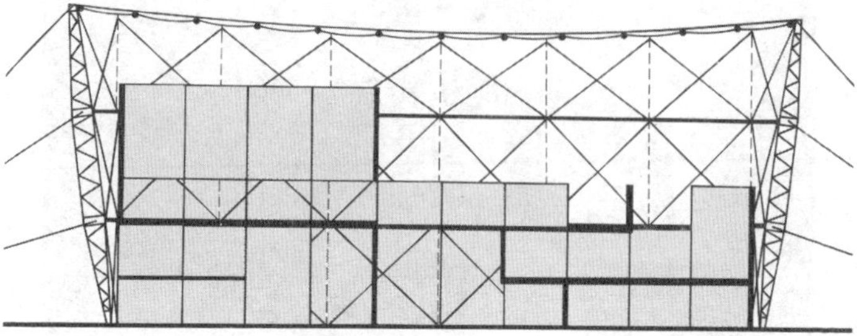

图 74　1937 年巴黎世界博览会中的“新时代馆”

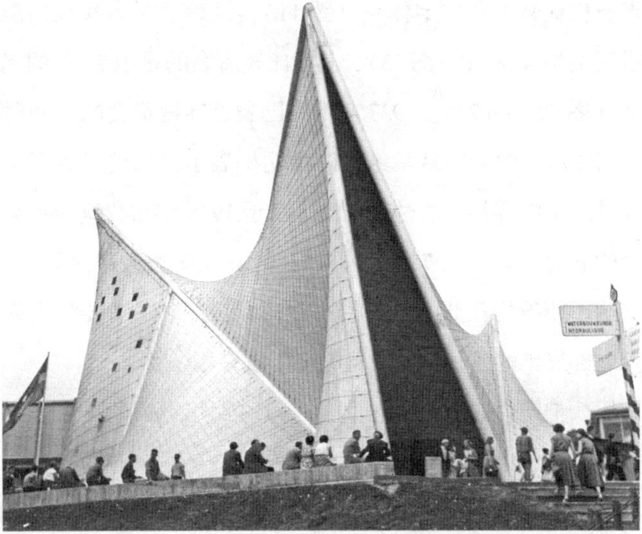

图 75　1958 年布鲁塞尔世界博览会中的菲力浦馆

[由工程师泽纳基斯（Iannis Xenakis）按勒·柯布西耶的草图和模型完成。建筑为悬索结构，只有三个支点，内有一个近似圆形的展览大厅。外为双曲抛物线形]

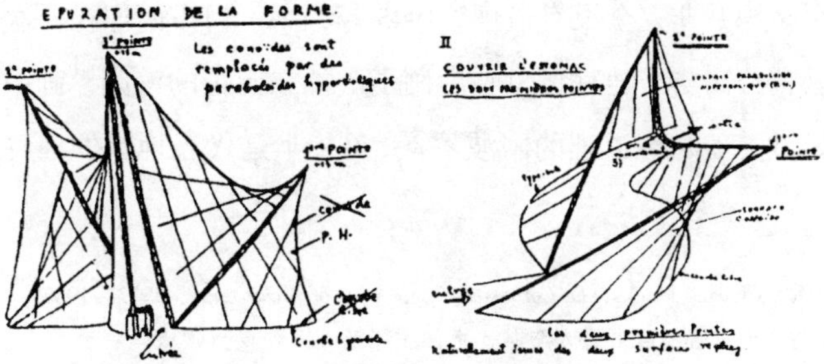

图 76　勒·柯布西耶的菲力浦馆设计手稿

拱形石棉板装配式住宅体系（图 11）；以后他又多次采用混凝土拱顶结构（图 70—图 73），其中比较有名的是 1955 年的尧奥住宅（图 72、图 73）。1937 年他在巴黎世界博览会的“新时代馆”（图 74）中采用悬索结构时便明确表示其目的是为了创造能与其展出内容相应的时代气氛。至于 1958 年布鲁塞尔世界博览会的菲力浦馆（图 75、图 76，其设计在朗香教堂之后），就更说明了新结构在此，是为了符合博览会要求——要吸引人并同其内部展出的各种电子设备的艺术效果相一致。

假如把朗香教堂同在它之前一段时期与之后的作品联系起来看，不难看出勒·柯布西耶的创作风格是两个方面并存与两种方向并进的。他一方面主张创作要客观、要撇开个人情感，但事实上他的创作始终是在热烈的激情中进行的。他经常徘徊与挣扎在建筑究竟是物质还是精神、建筑美究竟是机器美还是情感美之中。因而有人认为勒·柯布西耶是一个二元论者①。这种认识并非完全没有道理。1945 年，勒·柯布西耶在一次为了马赛公寓与当地官员争吵后画了一幅二元论的漫画。画中一半是微笑着的讲道理的阿波罗②，另一半是代表地狱的狰狞的

---

① Charles Jencks, *Le Corbusier-Tragic View of Architecture*, 1973, 1987.

② 古希腊神话中的太阳神，主神宙斯的儿子。权力很大，主管光明、青春、医药、畜牧、音乐、诗歌，并代表宙斯宣告神旨。

墨杜萨①（图77）。他说：“如能在游泳到太阳时死去，那多么好哇！”②

图77　勒·柯布西耶于1945年画的一半是阿波罗，一半是墨杜萨的二元图

从来不肯安于现状、不断地进行创新是勒·柯布西耶创作的特点。在他的一生中，不知提出过多少新观点、新方法与新方案；也不知经受过多少次责难与抨击。正如他在20世纪20年代提出“住房是居住的机器”和设计萨伏伊别墅受到非议一样；他的马赛公寓与朗香教堂也同样受到怀疑。所不同的是，20世纪50年代的勒·柯布西耶已经是现代建筑大师了；因而人们在怀疑之中还会去琢磨其意图，试图从中寻找启示。他的能量和影响是很大的。一次，当他在回答记者问他如何创作朗香教堂、昌迪加尔市的某些建筑和勒·土雷特修道院时，他把世界比作一个杂技场，把建筑师比作杂技演员。他说：“一个杂技演员不是个被钱控制的傀儡。他把自己的毕生贡献给某

---

① 古希腊神话中的怪物。原为美女，因触犯女神雅典娜，头发变为毒蛇，面貌奇丑无比。谁看她一眼就立刻变为石头。

② Charles Jencks, *Le Corbusier-Tragic View of Architecture*, 1973, 1987.

一目的。为了这目的，他经常冒着生命危险表演各种不寻常的、可能超过极限的动作，并鞭鞑着自己向着高度精确性发展……没有人命令他这样做，也没有人会感谢他。总而言之，他把自己置身于一个同所有其他世界不同的世界中……其结果是，他做出了别人所不可能做的事情……他是个夸夸其谈的人，是个不正常的人，他使人焦急、怜悯和烦躁。”①

（原载《建筑师》第 3 期）

① 《问勒·柯布西耶的五个问题》（*Bauen and Wohnen*），1963 年 3 月。参考《柯布西耶全集》第 6 卷。

密斯·凡·德·罗

密斯·凡·德·罗（Ludwig Mies van der Rohe，1886—1969）出生于德国亚琛（Aachen）的一个石匠的家庭中。据说，他从小便受到他的父亲在开凿与平整石块中小心准确、精工细琢的影响，因而他在建筑中特别重视建筑技术，并在建筑技术的运用与表现中力求精益求精。

密斯·凡·德·罗虽和格罗皮乌斯、勒·柯布西耶与赖特同被列为现代建筑的四大元老，但其成长过程与他们不甚相同。密斯·凡·德·罗从来没有受过正规的建筑或土木工程教育，而是通过工作、职业学校、自学与刻苦钻研取得成果的。当他还是一个14岁的少年时，便开始在亚琛他父亲的石工场中当学徒，专门从事那些没完没了的描绘复古主义石膏花饰的工作。19岁时他到了柏林，自1908年起在贝伦斯①的事务所中工作了

---

① 见前《格罗皮乌斯与“包豪斯”》文。

3 年。当时，贝伦斯刚接受德国通用电气公司委托扩充工厂设施和更新电气产品的设计任务。那时，格罗皮乌斯是事务所中主持绘图的负责人，密斯·凡·德·罗在他手下工作。恰好此时勒·柯布西耶也在那里工作，他们三人同时受到贝伦斯探索运用新技术来创造新型工业厂房的启发。第一次世界大战后，密斯·凡·德·罗从战场复员回城，即在柏林开设事务所并致力建筑设计的研究。他在这段时间做了不少设计方案，其中关于钢骨架、玻璃外墙高层办公楼的设想方案（1919，图 1；1923，图 2），和钢筋混凝土骨架、水平向玻璃窗多层办公楼的设想方案（1922，图 3），说明了他在建筑设计中是颇有独创性与预见性的。1926—1932 年他被聘为德意志制造联盟①的副主席；1930—1932 年又兼任原为格罗皮乌斯创办的"包豪斯"，即德绍设计学院的校长②。1938 年，密斯·凡·德·罗在离德赴美后的第二年，开始在芝加哥的阿摩尔学院（Armour Institute，后改为现今的伊利诺斯工学院）从事教育工作。1958 年起，他退出学院，自己开业，直到 1969 年逝世。

---

① 见前《格罗皮乌斯与"包豪斯"》文。

② 格罗皮乌斯于 1928 年辞职后由 H. 迈耶（Hannes Meyer）继任至 1930 年 6 月。

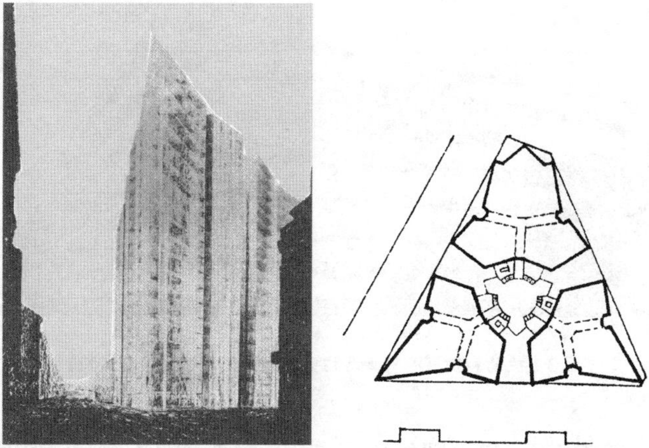

图 1　钢和玻璃高层办公楼设想方案之一（1919）

图 2　钢和玻璃高层办公楼设想方案之二（1923）

图 3　玻璃和钢筋混凝土结构多层办公楼设想方案（1922）

密斯·凡·德·罗的建筑实践总的来说并不很多，但对设计的认真钻研，特别是对建筑技术的力求完美，使他在现代建筑历史中起着很大的作用，并引起了很大的反响。

密斯·凡·德·罗的早期名作有 1927 年德意志制造联盟（以下简称联盟）在斯图加特举办的住宅展览会中的总体规划与多层公寓，1929 年巴塞罗那国际博览会中的德国馆和 1930 年在布尔诺的吐根哈特住宅。这些建筑既表现了当时德国有些青年建筑师（如“包豪斯”学派）主张面向工艺和按功能来组合空间的设计倾向，同时也表现了密斯·凡·德·罗特别偏爱的关于所谓结构逻辑（结构的合理运用与忠实表现）与自由分隔空间在建筑造型中的体现。

1927 年联盟在斯图加特市魏森霍夫区所展出的住宅新村

（Weissenhof Siedlung，Stuttgart，图4、图5）是联盟在建筑方面的第二次展览会①。当时密斯·凡·德·罗是联盟的副主席兼展览会设计主持人。他把国际上与联盟的建筑观点一致和有些名望的建筑师邀请到德国去参加设计。在德国有他自己、贝伦斯、格罗皮乌斯和夏隆（Hans Scharoun）等12人②，在荷兰有奥德（J. J. P. Oud）等两人③，在法国有勒·柯布西耶，在比利时有布尔乔亚（V. Bourgeois），一共是16人。他们共设计了21幢住宅，内有多层公寓和联立式、并立式与独立式住宅；其中有钢结构的、钢筋混凝土结构的、混合结构的和预制装配的。密斯·凡·德·罗负责住宅新村的总体规划与其中最大的一幢4层公寓的设计。

魏森霍夫住宅新村位于一处坡地上。它在规划上的特点是要打破当时一般住宅区总是喜欢把房屋沿着马路周边而建，和把高的放在路边、低的放在里面的习俗。密斯·凡·德·罗与格罗皮乌斯等人的见解一致，认为每个居室均应有足够的阳光

---

① 联盟的第一次建筑展览会于1914年在科隆举行。当时展览会中大受注意的年轻建筑师是格罗皮乌斯。

② 其他人为约瑟夫·弗兰克（J. Frank）、理查·多克尔（R. Döcker）、路德维希·希尔伯塞默（L. Hilbersheimer）、汉斯·波尔兹（H. Poelzig）、阿道夫·瑞丁（A. Rading）、阿道夫·史内克（A. Schneck）、布鲁诺·陶特和M. 陶特。

③ 另一人为马特· 斯塔姆（M. Stam）。

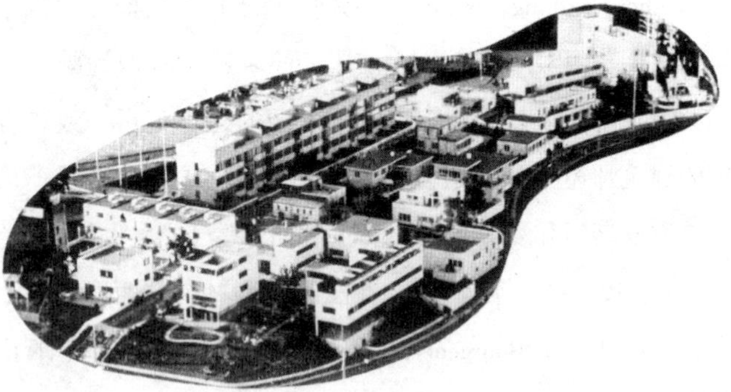

图 4　魏森霍夫住宅新村（1927）鸟瞰图

图 5　魏森霍夫住宅新村总平面图
（1—密斯·凡·德·罗设计；6、7—勒·柯布西耶设计；
8、9—格罗皮乌斯设计；20—贝伦斯设计）

图 6　魏森霍夫住宅新村的 4 层公寓外观

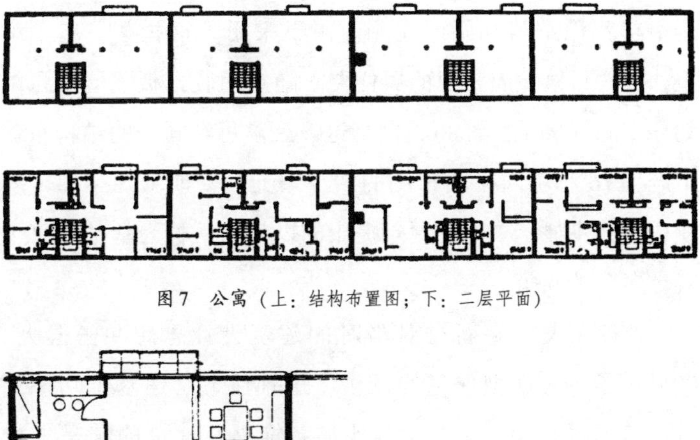

图 7　公寓（上：结构布置图；下：二层平面）

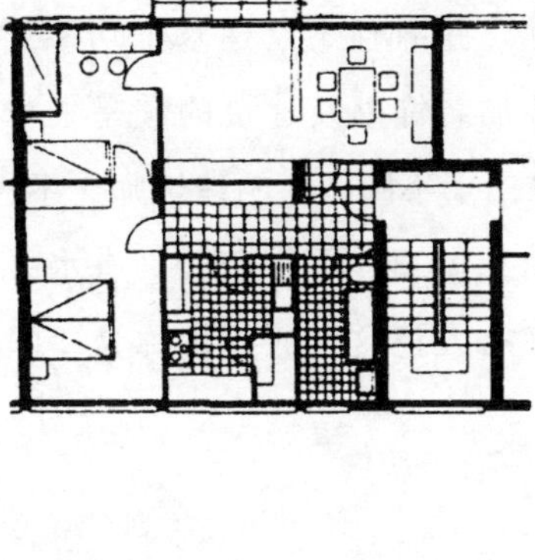

图 8　公寓单元平面之一
（共有 16 种不同布局）

与通风，因而重视房屋的朝向、高低与间距，并把最高的4层公寓放在后面。此外，新村内的道路与管网设施也是经过细致考虑的，使村内所有的房屋相互联结成为一个有机的整体。

密斯·凡·德·罗设计的公寓（图6—图8）是“一”字形的，每一梯台服务两户，平屋顶。建筑特点是钢结构，构架简单，支点少，柱子截面小。楼梯与紧贴着楼梯的各种管道与服务性设施都是经过精打细算，使之能在此轻盈的结构中起着稳定与加固的作用。由于采用了钢构架，墙不承重，住户可以按着自己的居住要求随意用胶合板隔墙来自由划分空间（图7、图8），以至这幢公寓可在同一的结构布置下产生16种不同平面布局的居住单元。密斯·凡·德·罗在这里初步显示了他在翌年提出的以精简结构为基础的“少就是多”的见解。

魏森霍夫住宅新村对当时的建筑设计思想冲击很大。它显示了一种新型住宅的诞生。这种住宅是建基于功能分析、节约材料和工时、没有外加装饰以及建筑的美是来自形体比例等原则上的。它们虽出于不同国籍的建筑师之手，但风格却是那么一致，都是由平屋顶、白粉墙和具有水平向长窗的立方体组成的。后来有人把这样的建筑称为“国际式”①。

1929 年西班牙巴塞罗那国际博览会中的德国馆（图 9—图 12）具体体现了密斯·凡·德·罗努力使结构逻辑性、自由分隔空间同建筑造型密切相联的特点。展览馆并不为了展出什么，而是本身就是展品。它的规模不大（约 50 米 × 25 米），但用料之高级，设计与施工之精美，使它虽然没有任何外加装饰，但正如密斯·凡·德·罗自己所描绘的那样，是一座能够象征壮丽并足以接待王公贵族的高级的建筑。②

展览馆的主体是一个简单的长方体，它与两个水池（也是长方形的，一大一小）和办公部分共同布置在一个大平台上（图 9—图 13）。房屋为钢结构，屋面由数根独立的镀克罗米的“十”字形钢柱所支承。墙不承重，而是一片片地自由布置。

---

① “国际式”（International Style）这个词最先在 1932 年由美国建筑师菲利浦·约翰逊（Philip Johnson）和希契科克（H. R. Hitchcock）提出。当他们第一次把欧洲的“现代建筑”正式介绍给美国公众时，从这些建筑所共同具有的形式特征出发，把它们称为“国际式”。20 世纪 20 年代时，格罗皮乌斯曾把他们自己的建筑称为“国际建筑”。他是从这些建筑的设计原则与设计方法出发，认为这些经验可以向各国推广而这样称呼的，因而“国际式”与“国际建筑”在具体含义上不完全一样。

② Cranston Jones, *Architecture Today and Tomorrow*, 1961, p. 60.

展览馆的设计提出了这样的设想：建筑空间不像人们所习惯的那样是一个由6个面（即4面墙、屋面与地面）所包围着和与室外全然隔绝的房间；而是由一些互不牵制，可以随意置放的墙面、屋面和地面，通过相互衔接或穿插而形成的建筑空

图9　巴塞罗那国际博览会德国馆外观

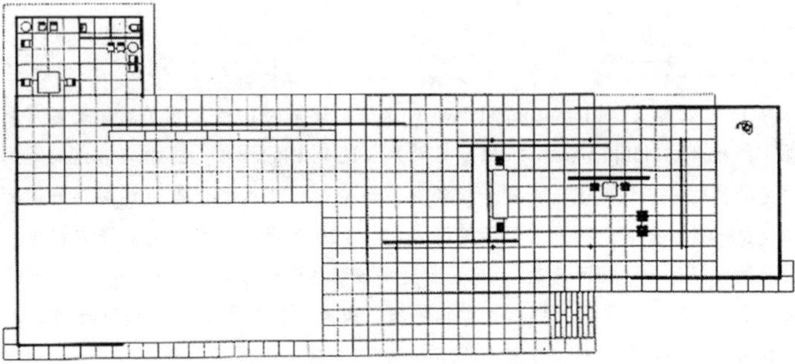

图10　巴塞罗那国际博览会德国馆平面图

图 11　越过大水池可以同时看到展览馆前的平台、进入室内的入口、馆后的绿化

图 12　大水池边的平台和石墙

间。这样的空间既可封闭又可开敞，或半封闭半开敞，或室内各部分相互贯通，或室内与室外相互贯通，总而言之是多种多样的。这种认为房屋归根结底是由许多面所组成的见解，早在20世纪10年代便由荷兰的史提尔派①提出了。但史提尔派主要是从这个角度来考虑建筑造型，而密斯·凡·德·罗则以此来设计建筑空间。

为此，展览馆入口的一片深绿色的大理石外墙向内引伸到正立面上的淡灰色玻璃墙后面，转化为内墙。平台石阶旁的大理石墙面超出了屋面对它的局限（图10与图13的右部），把侧面的小水池包括到里面去，使小水池虽是露天的却与旁边的室内密切联系（图13）。连接主体部分与办公部分的一片墙（图12）与由办公部分引伸出来的处于大水池尽端的另一片墙，共同使大水池与两旁的建筑连成一片，组成了一个没有屋面而又自成一体的建筑空间。房屋所有的面（墙面、地面、屋面）是由不同色彩、不同质感的石灰岩、大理石、玛瑙石、玻璃、水面和地毡造成的。它们相互衔接与交错产生了空间的相互穿插、引伸。同时它们的衔接与交错方式，即如馆内小水池中的雕像一样，对于参观者的视线起着明显的引导与指引作用。当

① 见前《格罗皮乌斯与“包豪斯”》文。

图 13　馆内小水池和雕像

人们一眼看上去时，常会感到景色丰富，一时不知从何看起。随着人们按着一个方向跟踪下去，又会步移景异。这种变化多端、移步换景的空间效果，在我国的古建筑，特别是在我国古典园林中早有体现，并具有极高的水平。20 世纪 30 年代，瑞士建筑历史与评论家吉迪翁（Siegfried Giedion）把它称为“流动空间”和“建筑的时空感”（Space and Time in Architecture）。

无疑，巴塞罗那的德国馆在空间艺术效果上是成功的。无怪美国建筑历史与评论家希契科克说：“……（这是）20 世纪可以凭此而同历史上的伟大时代进行较量的几所房屋之一。”[1] 不过这毕竟是一座特殊的房屋，展览会过后，展览馆也就被拆除了[2]。但展览馆中展出的“巴塞罗那椅”（图 19）至今仍是一件极受赞赏的高级家具。

吐根哈特住宅（Tugendhat Haus，Brno，1930，图 14—图 18）是密斯·凡·德·罗的另一名作。这是一位富豪的住宅，基地很大，房子处在一片绿茵茵的斜坡上，南低北高。南面是两层，下面还有一个地下室，北面是一层。入口在北面，从沿街入口踏进建筑是它的二层（图 16 上）。住宅各部分分工明确。为主人所使用的起居部分（包括用餐与读书）在一层（图 16 下），卧室在二层。卧室又按使用对象的不同分为三组，既保证了儿童卧室与母亲卧室的联系，又维持了客人卧室的独立性。主仆的两大部分明确划分。汽车间与男仆卧室在二层的西面，厨房与女仆卧室在一层的西面，洗衣房与供热设施在地下室，上下有专用楼梯，它们与主人使用部分的唯一联系就是备餐室（图 16 下）。

---

① H. R. Hitchcock, *Architecture: 19th and 20th Centuries*, 1958, p. 376.

② 此馆于 1988 年在巴塞罗那按原样重建。

图 14　吐根哈特住宅外观

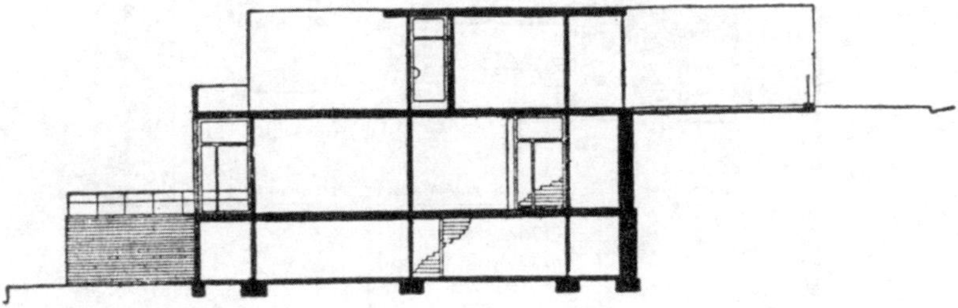

图 15　吐根哈特住宅剖面
（图右为马路，图左是下达花园的台阶）

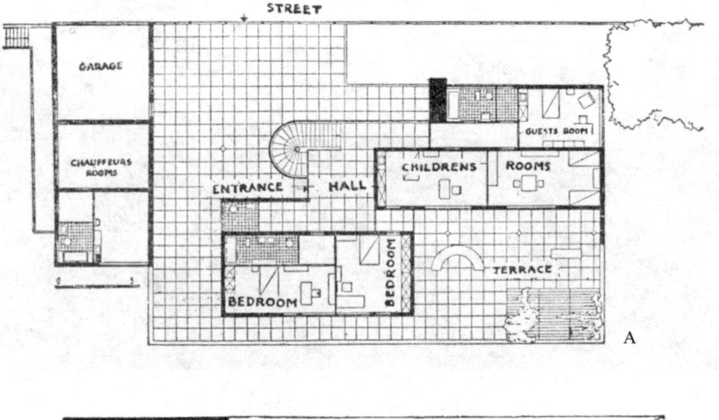

图 16　吐根哈特住宅平面图
（上图是与马路平的卧室层，下图是起居室层）

为了争取阳光与室内外的联系，整个布局水平向地扩伸。所有的主要房间均能朝南，室外有阳台，前面是花园。起居部分有两面墙都是落地的玻璃窗或玻璃门，总长达36米。密斯·凡·德·罗在此的意图是要打破传统的室内外之分，利用玻璃的透明性把室外的花园毫无阻拦地“带进”室内，并通过悬臂挑出的天棚平顶把室内空间“引伸”到室外去。当然，阳光是保证了，可能也过多了，活动的百叶不得不经常部分地垂吊着。室内（图17）的家具布置严谨，在设计与施工上均非常考究，原色的羊毛地毯、黑色与米色的生丝窗帘，椅子上用的是绿色的牛皮、白色的羊皮和淡黄色的猪皮，淡雅而华贵。

吐根哈特住宅的起居部分（图17、图18）再次体现了密斯·凡·德·罗在巴塞罗那展览馆中的空间见解。整个起居部分是一个15米×24米的通敞的大空间，它以一片条纹玛瑙石屏风与一半圆形的乌木隔断将空间划分为入口、起居、用餐与读书几个不同的部分。当从楼梯间踏进起居室时，映在眼前的是几个大小不同、既分又连的空间。它们相互穿插、重叠与引伸。人们的视野由于两面屏风在方向上的指引，可以从一个空间浏览到另一个空间，并穿过大片的玻璃墙从室内看到室外，又从室外回到室内。随着人在室内走动，开敞的隔墙更使室内外的景色因移步而换景，也就是说产生了强烈的“空间流动”感。

图 17　吐根哈特住宅起居室

图 18　吐根哈特住宅用餐部分

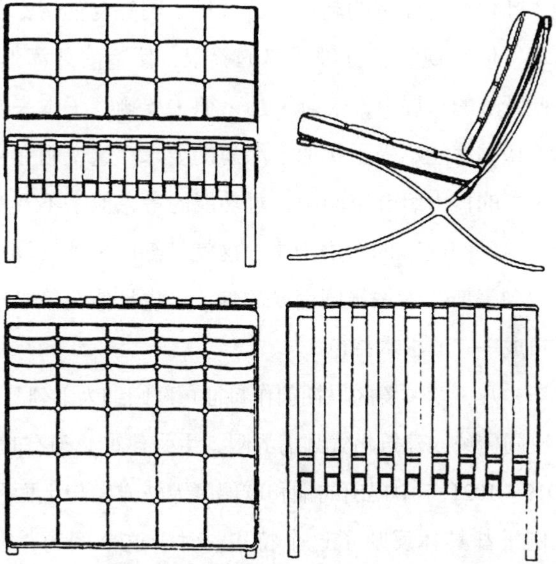

图 19 “巴塞罗那椅”——密斯·凡·德·罗为巴塞罗那德国馆设计的椅子

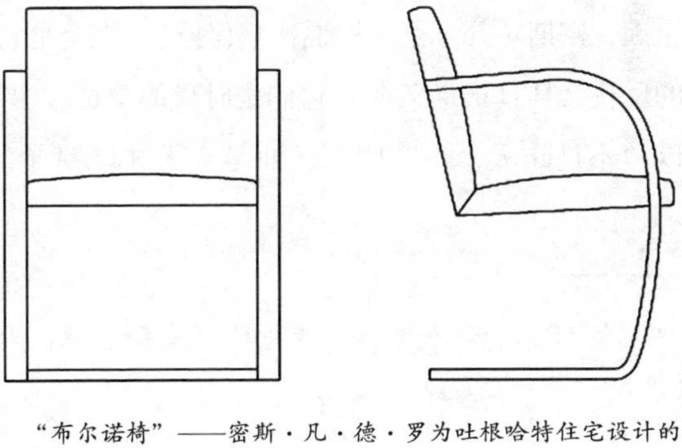

图 20 “布尔诺椅”——密斯·凡·德·罗为吐根哈特住宅设计的椅子

无疑地，吐根哈特住宅的起居部分开朗、明亮与通透；它虽然周围有墙，但在视觉上打破了墙的界限，使室内外浑然一体。但是在此开敞的布局中，密斯·凡·德·罗牺牲了本来业主所提出的希望书房能不受干扰便于深思的要求。这说明在密斯·凡·德·罗的自由组合空间中，对功能的考虑似乎不及对精简结构和“流动空间”的考虑为重。这就是密斯·凡·德·罗与当时的“包豪斯”学派虽同而异的地方，也是他在第二次世界大战后自成一家的根本特色。

密斯·凡·德·罗的早期创作特征可以归纳为下列几点：

坚决同传统的建筑格式划清界限，主张建筑必须有时代性。他在1919—1921年中提出的钢和玻璃摩天楼方案与上面所介绍的几个例子都具体反映了这个特点。对于这个问题，密斯·凡·德·罗说：“在我们的建筑中试图搬用过去的建筑形式是毫无出路的。即使最优秀的艺术天才这样做了也注定要失败。”① 对于其原因，密斯·凡·德·罗说：“（建筑）完全是它所处在的时代的反映，其真正意义在于它们是时代的象征。”② 我们要给建筑以“不是昨天，也非明天，而是今天才能赋予的形式。

① 《建筑与时代》，1924年版，载于法国《今日建筑》杂志，1958年，第79卷，第78页。

② 同上。

只有这样的建筑才是有创造性的”。①

那么，怎样创造现时代的建筑呢？密斯·凡·德·罗说：“用我们时代的方法，按照任务的性质来创造形式。”② 关于“时代的方法”，密斯·凡·德·罗说，“我们今天的建造方法必须工业化”③，而“工业化是一个材料问题。因此我们首先应考虑寻找一种新的建筑材料”④。可见密斯·凡·德·罗所谓“时代的方法”，就是工业化和新材料。从密斯·凡·德·罗的实践来看，他果真找到了他所认可的适宜于工业化的新材料，这就是德意志制造联盟早在20世纪10年代便已企图推广的钢和玻璃。关于“任务的性质”，密斯·凡·德·罗指出“必须满足我们时代的现实主义和功能主义的需要”。⑤ 所谓“功能主义”，不难理解，就是格罗皮乌斯与勒·柯布西耶所指的建筑的使用效能。但“现实主义”在这里意味着什么呢？结合密斯·凡·德·罗的实践，这仍然是现代的工业化条件，也就是新结构和新材料。至于“创造形式”，密斯·凡·德·罗说：“我们拒绝考虑形式问题，只管建造问题。形式不是我们工作的目的，它只

① 《关于建筑与形式的箴言》，1923年版。

② 同上。

③ 《建造方法的工业化》，1924年版。

④ 同上。

⑤ 《建筑与时代》，1924年版。

是结果。”① 这就毫不含糊地把形式置于技术之下了。因而，采用新技术与表现新技术是密斯·凡·德·罗的时代性的关键。

1928年，密斯·凡·德·罗在完成了魏森霍夫住宅新村的工程和尚未着手巴塞罗那展览馆设计之际，提出了他的后来影响极大的名言：“少就是多。”（Less is More.）

“少就是多”其实就是密斯·凡·德·罗一直在努力追求的所谓结构逻辑与自由分隔空间在建筑造型中的体现的高度概括。它的具体内容主要寓意于两个方面：一方面是在结构上。这就是简化结构体系、精简结构构件、讲究结构逻辑（例如明确区分承重结构与非承重结构并有意在形式上表现出来），使产生没有屏障或屏障极少的建筑空间。由此，这个空间不仅可以按多种不同功能需要而自由划分为各种不同的部分，同时也可以按空间艺术的要求创造内容丰富与步移景异的“流动空间”和“建筑的时空感”。另一方面是在建筑艺术造型上，这就是净化建筑形式，使之成为不附有任何多余东西（指那些不具有结构或功能依据的东西），只是由直线、直角、长方形与长方体组成的几何形构图。但是，精确与严谨的施工，选材与对材料色彩、质感与纹路的精心暴露，却使净化了的造型显得更加明晰、精

① 《关于建筑与形式的箴言》，1923年版。

致、纯净与高贵，并具有百看不厌的形式美效果。上述两方面都分别或综合地表现在魏森霍夫住宅新村的多层公寓、巴塞罗那国际博览会的德国馆和吐根哈特住宅中。

密斯·凡·德·罗的刻意表现建筑材料特色和属意抽象形式美的美学观点，既含有“包豪斯”学派和勒·柯布西耶的“客观”与“唯理”的一面，又含有荷兰的贝尔拉格、史提尔派和美国的赖特的早期作品对他的影响。密斯·凡·德·罗自己承认，当他尚在贝伦斯处工作时，曾利用到阿姆斯特丹出差的机会，天天到贝尔拉格设计的证券交易所去琢磨贝尔拉格运用清水砖墙来净化和美化建筑的艺术效果；1910年，赖特的作品在柏林展出，以及在此之后史提尔派的以不同色彩与质感的平面组成的几何形图案，均对他有很大启发。后来，他在1926年为当时德国共产主义战士李卜克内西和卢森堡设计的在柏林的纪念碑，就是一个敢于同传统纪念碑形式决裂、没有任何装饰的、抽象构图的砖砌体（图21）。以后，密斯·

图21 柏林李卜克内西和卢森堡纪念碑（1926）

凡·德·罗虽转向用钢和玻璃，但在艺术造型上刻意表现材料特色和着重抽象的形式美却始终如一。

密斯·凡·德·罗真正发挥他的影响是在第二次世界大战之后，这就是他在德国时就已经开始了的用钢和玻璃来实现“少就是多”的理论在美国的高度发展。美国的工业技术条件与钢产量使之成为第二次世界大战后唯一可以把钢大量用于建筑的国家；同时美国的钢铁托拉斯也需要利用建筑业开拓钢铁市场；此外，轻盈的钢结构、纯净与透明的玻璃幕墙对周围环境的反射与在阳光下的闪烁，确能产生一种新型的、能使人联想到现代高度工业技术水平的先进与潜力的效果，也就是具有能象征当今高度工业时代的艺术效果。何况当时（20 世纪 50— 60 年代）在许多人的头脑中，谁拥有技术便是拥有世界。于是在这种技术的和社会的影响下，密斯·凡·德·罗把他的学术生命完全倾注在钢和玻璃的建筑中。他在第二次世界大战后的名作，范斯沃斯住宅、湖滨公寓、西格拉姆大厦、伊利诺伊理工学院的校园规划与校舍设计以及西柏林的国家美术馆新馆等，都曾在建筑界中引起很大的反响。它们是当时那股以钢和玻璃来建造的热潮的催化剂，并是“技术的完美”（Perfection of Technique）和“形式的纯净”（Purification of Form）[①] 的典范。在理论上，密斯·凡·德·罗重新强调使“建筑成为我们时代的真正标志”[②] 和“少就是多”的基本立场；并进一步直截了当地指出“以结构的不变来应功能的万变”[③] 以及“当技术实现了它的真正使命，它就升华为建筑艺术”[④] 的观点。这些明确地把建筑技术置于功能与艺术之上的观点反复反映在密斯·凡·德·罗的作品中，也是20世纪50—60年代中不少人的建筑教育与建筑实践方针。

所谓“以结构的不变来应功能的万变”，其实就是密斯·凡·德·罗一向主张的——简化结构体系、精简结构构件、讲究结构逻辑的表现，使产生没有屏障或屏障极少的可供自由划分的通用大空间的——一个新提法。从具体内容来说，它早就是“少就是多”中的一个组成部分了。对此，密斯·凡·德·罗说：“房屋的用途一直在变，但把它拆掉我们负担不起，因此我们把沙利文（Louis Sullivan）的口号‘形式追随功能’颠倒

---

① 这是建筑评论家对密斯·凡·德·罗在第二次世界大战后的作品特征的概括性评语。

② 密斯·凡·德·罗1950年在伊利诺伊理工学院设计学院成立大会上的讲话。转引自菲利浦·约翰逊：《密斯·凡·德·罗》，1953年版，第203页。

③ 同①。

④ 同②。

过来，即建造一个实用和经济的空间，在里面我们配置功能。”① 于是先空间后功能就此名正言顺了。假如说密斯·凡·德·罗的早期作品虽偏爱技术但尚能注意功能分析的话，他的后期作品则说明，功能对他来说是抽象的，只有技术与对技术的表现才是真实的。密斯·凡·德·罗自己也说：“结构体系是建筑的基本要素，它比工艺，比个人天才，比房屋的功能更能决定建筑的形式。”②

范斯沃斯住宅（Farnsworth House，Plano，Illinois，1950）（图22—图24）是一个结构与建筑部件被简化到最少的、名副其实的玻璃盒子。它除了地面、屋面和周围的8根细柱（高约6.7米）以外，就是四边的大片透明玻璃幕墙。室内是一个没有支柱的通用空间（Universal Space）（图24），起居与睡觉的地方沿着盒子的周围布置，当中是围有轻质隔墙的服务性设施（两个浴厕、一个厨房）。房屋从地面架空，花园经过两道平台（上平台约为8.5米×24米）（图23）而过渡到视线毫无阻挡的室内去；室内与室外又通过玻璃而打成一片。平台是石灰岩的，内部隔墙、地面与窗帘（由于遮阳与遮挡视线不得不经常挂着）的材料都是精心挑选的。为了说明钢的材料特点，柱子通过焊

---

① C. Norberg Schulz，*Meaning in Western Architecture*，1974，p. 396.

② Cranston Jones，*Architecture：Today and Tomorrow*，1961，p. 64.

接而贴在屋面横梁的外面（图22），所有细部都经过推敲，处理得极其精工与准确。密斯·凡·德·罗在此费了5年心血才算完成。这可以说是他的“技术的完美”和“形式的纯净”的代表作，但在居住功能上却很不方便，况且这座看上去十分简单的建筑，其造价却超出了原定造价的85%。这使业主范斯沃斯女医生大为恼火，并因此而到法院诉讼，后来总算在庭外解决了。

位于芝加哥密歇根湖畔的湖滨公寓（Lake Shore Drive Apartment，1951—1953）（图25—图28）是密斯·凡·德·罗到美国后所建的第二幢高层建筑。它不仅是密斯·凡·德·罗的“以结构的不变来应功能的万变”在高层建筑中的体现，并为美国的高层建筑创造了一种新的形象。

图22　范斯沃斯住宅（1950）外观

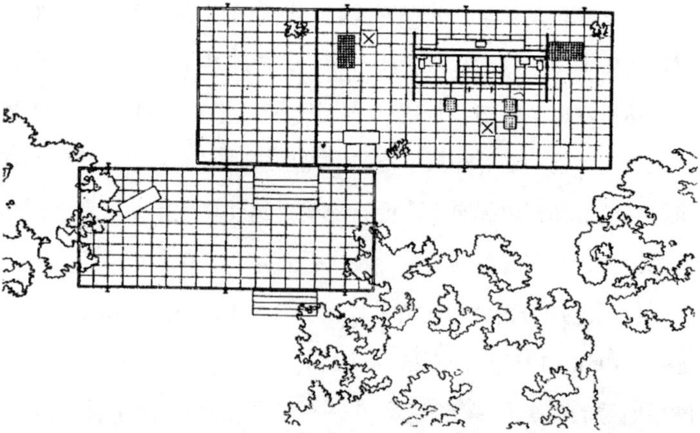

图 23　范斯沃斯住宅平面

图 24　范斯沃斯住宅室内

图 25　湖滨公寓外观
(1951—1953)

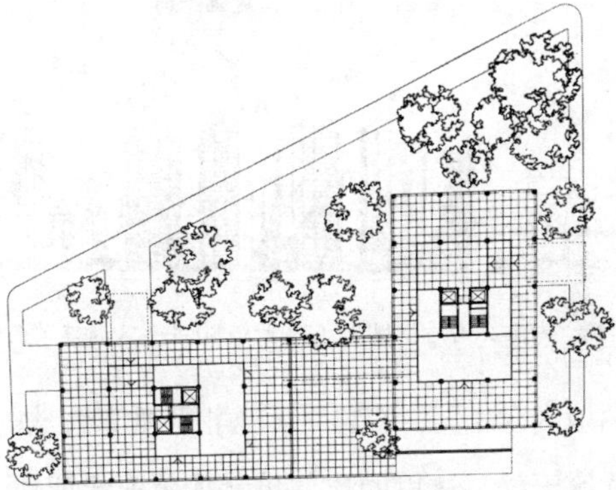

图 26　湖滨公寓总体布局

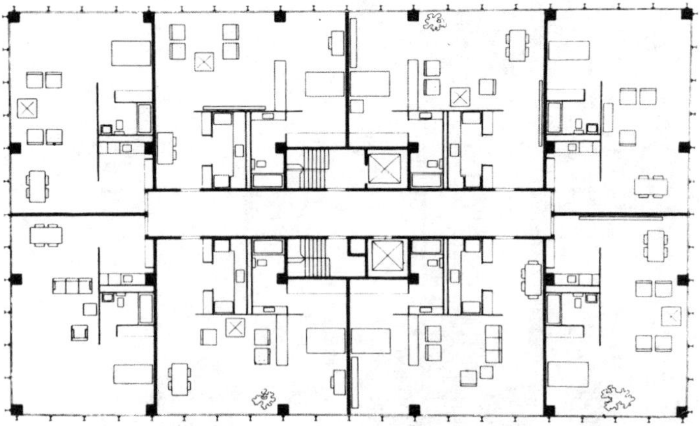

图 27　湖滨公寓建筑平面

图 28　湖滨公寓总体现状（20 世纪 80 年代又新建了两幢）

这是两幢内容相同，在总平面上相互垂直置放的 26 层高的盒子形塔式摩天楼。这里的居住单元如范斯沃斯住宅一样：除了当中集中的服务性设施之外，从进门到卧室是一个只用片片段段的矮墙或家具来分隔的，隔而不断的通用空间。虽然这样的空间是可以随着功能的变化而重新划分的，但视线、声音与气味的干扰极大。人们不禁要问：难道在现实生活中，居住建筑的功能就是那么千变万化以至连卧室也得畅通无阻吗？此外，大片的玻璃墙（湖滨公寓因造价超支不得不把空调设备削掉，当时也没有隔热玻璃）也使朝西的房间在夏天时，即使窗帘全部放下也仍然热不可耐，以至数年后不得不把空调重新装上。

然而1976年，湖滨公寓却因它的形象在建成后的25年中曾对美国高层建筑影响很大而获得了美国建筑师协会（AIA）的“25周年奖”。这是一个从平地由垂直直线上升而形成的立方体形的塔楼（图25）；四周外墙是由一色的、全部用钢和玻璃标准构件组成的方格形模数构图（Modular Composition）。大面积的玻璃幕墙不仅反映着周围的环境，还反映着天上从早到晚的云彩。这样一幢建筑从设计到施工、从整体到细部都混响着世界上最先进的现代工业技术。无怪一位英国建筑历史与评论家说：“他（密斯·凡·德·罗）的影响可以在世界上任何市中心区的每幢方形玻璃办公楼中看到。”①

西格拉姆大厦（Seagram Building，New York，1958，图29—图33）高38层，坐落在纽约的高级商业区中。它的设计原则同芝加哥的湖滨公寓完全相同。由于经费充足（当时造价4300

① R. Banham，*Age of the Masters*，1975，p. 2.

万美元)、用料考究，外加密斯·凡·德·罗和他的合作人菲利浦·约翰逊的精工细琢，使大厦成为纽约市中最豪华与最精美的大楼。在这里，密斯·凡·德·罗的以立方体形和方格形模数构图为特征的摩天楼达到了顶点。外墙上的框架面饰与窗棂是用古铜色的铜精工制成的；大片粉红灰色的隔热玻璃幕墙闪烁着柔和的反光（图 33）。它们体现了密斯·凡·德·罗的早期预言，“我发现玻璃建筑最重要的在于反射，不像普通建筑那样在于光和影”①。大厦体态端庄，各部比例均匀，对称的立面、精确的施工和前面一个进深约 30 米的粉红色花岗石广场以及上面的两个水池，使它既是一个现代最新工业技术的产品，又具有

图 29　西格拉姆大厦（1958）
刚建成后外观

---

① 1919 年密斯·凡·德·罗在研究他的钢骨架、玻璃外墙摩天楼（图 1），把做好的模型放在窗外琢磨时这样说。

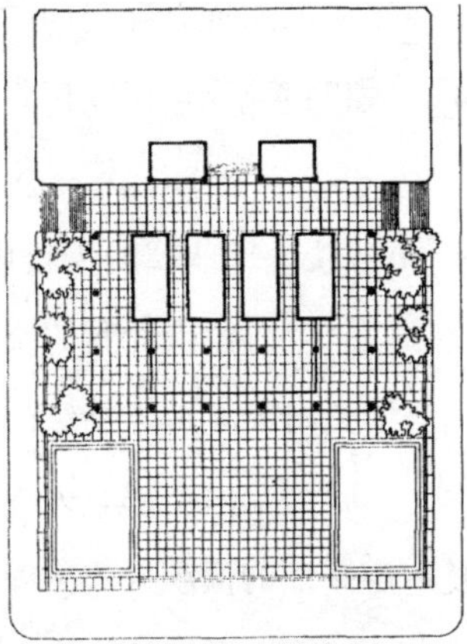

图 30　西格拉姆大厦底层平面
（有广场、水池和绿化，广场自室外引入室内）

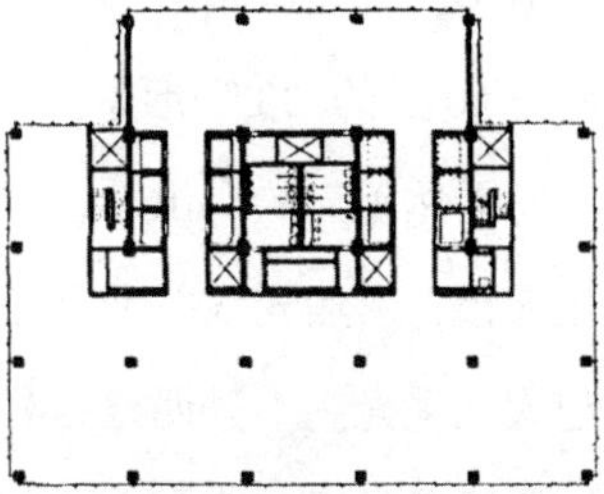

图 31　西格拉姆大厦 10 层以上平面

图 32　西格拉姆大厦 4～9 层平面

图 33　西格拉姆大厦局部立面显示了墙面上的细钢柱和玻璃幕墙

浓郁的古典主义气息，并有效地象征了资本的拥有和集中。无怪西格拉姆大厦直到20世纪60年代末仍被视为可用以评判纽约建筑水平的一个标准。

但是，就在这座外墙总面积有50%以上是玻璃的大楼中，在底下10层的“T”形平面上（图31），竟有很大面积的空间是没有天然采光的。虽然，对于像西格拉姆大厦那样高级的现代化大楼，天然光线并非必不可少的，因为室内全部有人工空调与人工采光。不过西格拉姆大厦每层平面的面积并不大，因此，这里说明了一个问题，即玻璃在这里是更多地被作为一种能符合美学要求的材料来使用的。西格拉姆公司是美国专门酿制与经营高级名牌酒的公司，一次，美国建筑师赖特在看了西格拉姆大厦的精益求精后，尖刻地说：“明净如镜的建筑，威士忌酒的广告。”①

这座大厦的造价，正如密斯·凡·德·罗在第二次世界大战后设计的其他建筑一样，特别昂贵。它的房租也要比邻近相同级别的大楼高1/3。

伊利诺伊理工学院的校园与校舍设计（图34—图37）是密斯·凡·德·罗的另一名作。他自1939年至1958年在此110英

① Cranston Jones, *Architecture: Today and Tomorrow*, 1961, p.64.

亩（44.55 公顷）的基地上建成了包括图书馆、小教堂、办公楼、校友会、各科研究所和课堂大楼等 18 幢房屋。

校园基地按 24 英尺 ×24 英尺（7.32 米 ×7.32 米）的网格进行规划（图 34）。房屋的大小、位置严格遵从网格，并几何形

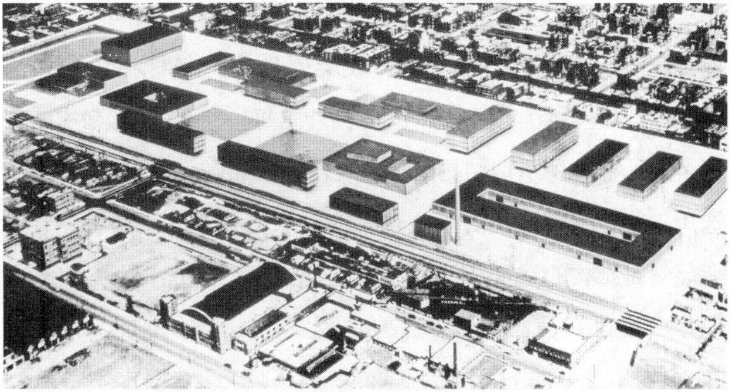

图 34　伊利诺伊理工学院（1939 年起）校园规划

图 35　伊利诺伊理工学院校园内建筑

地按着虚实相依、垂直对水平地纵横布局。密斯·凡·德·罗说，房屋之间的空间就如房屋本身那么重要，因而，他极其重视房屋的体量与形体在此整体中的造型效果。

校园内的房屋大多采用统一的24英尺×24英尺×12英尺的黑色钢框架，用以产生灵活的可供多种用途的空间。无论该建筑属于什么类型，除了钢和玻璃外外墙都是棕黄色的砖墙（图35），连教堂（图36）也不例外。每一细部与节点均按密斯·凡·德·罗所谓结构逻辑处理得异常准确。他说，“我必须选用一些在我们建成后不会过时的、永恒不变的东西……其答案显然是结构的建筑”①。然而，这里有些处理，只是看上去似乎合乎逻辑而已。例如有些房屋暴露出来的钢柱，其实是在钢柱的耐火层外面再包上钢皮（图37）。它根本不是从结构而是从密斯·凡·德·罗的“结构的建筑”的美学观点出发的。

其中最大的称为克朗楼的建筑学教学楼（Crown Hall，1955，图38、图39），除了地下室外便是一个120英尺×220英尺×20英尺（36.6米×67米×6.1米）、内部没有一根柱子的玻璃大通间。密斯·凡·德·罗为了获得这个空间的一体

① Cranston Jones, *Architecture: Today and Tomorrow*, 1961, p. 64.

图 36　伊利诺伊理工学院内小教堂

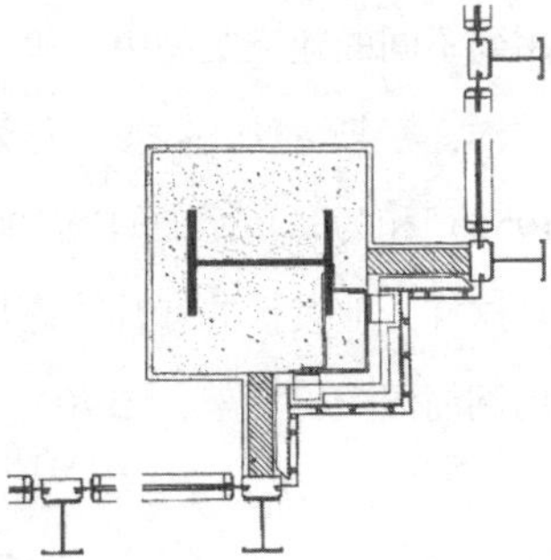

图 37　“密斯式”钢柱外观及横截面

性——连天棚也不能被横梁所隔断——在屋面上架有 4 根大梁，用以悬吊屋面（图 38）。对于这幢建筑，密斯·凡·德·罗非常欣赏地说，“这是我第一次在整幢房屋中获得一个真正的一体大空间……校园中其他房屋内部总是有些支柱，因而不是完全自由的”①。但是人们对于把这个偌大的四面全是玻璃的大厅用于教学，在功能上是否合适是有怀疑的。对此，密斯·凡·德·罗的回答是，比隔绝视线与音响更为重要的是阳光与空气。不过为了避免干扰他却自相矛盾地把那些主要的讲堂与工作室放在地下室中。

这种能够充分象征现代工业化时代的——以“少就是多”为理论，以钢和玻璃为手段（20 世纪50 年代中叶后又加上全部人工空调与人工采光），以“通用空间”“纯净形式”“模数构图”为特征的——建筑设计方法与手法被密斯·凡·德·罗套用到不同的建筑类型中。伊利诺斯工学院的小教堂（图 36）是这样，密斯·凡·德·罗为芝加哥大会堂（Convention Hall, 1954）和为联邦德国的曼哈姆国家剧院提出的设计方案（1952）是这样，他设计的好几幢高层办公楼与公寓建筑（虽然有时也用钢筋混凝土框架，图 40）也是这样。甚至在克朗楼建成 10 多

① Cranston Jones, *Architecture: Today and Tomorrow*, 1961, p. 65.

图 38　伊利诺伊理工学院克朗楼——建筑学教学楼外观（1955）

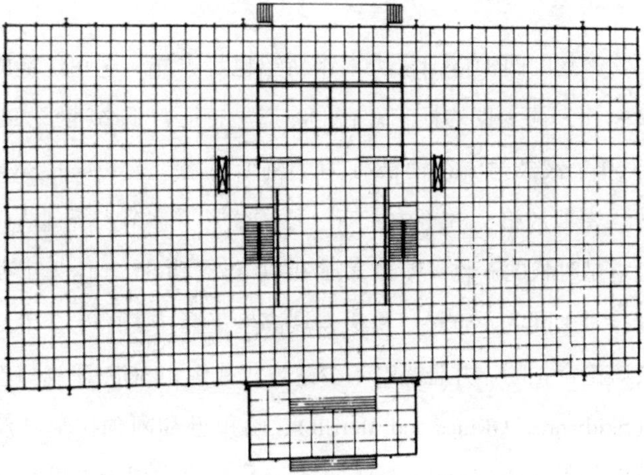

图 39　克朗楼平面

图 40 芝加哥普罗蒙托莱公寓（Promontory Apartment，1949）（钢筋混凝土柱子随着层数的增加而缩小）

年后才兴建的西柏林国家美术馆新馆也是这样。这些建筑成了密斯·凡·德·罗的标志；它们的造型特征曾于 20 世纪 50 年代与 60 年代极为流行而被称为“密斯风格”（Miesian Style）。虽然“密斯风格”并不由密斯·凡·德·罗一个人所创造与推广，它是时代的产物，是同美国在 50 年代和 60 年代为了要在空间技术上同苏联较量，积极发展高度工业技术的社会生产与社会舆论合拍的。并且当时不少建筑权威例如 SOM 建筑师事务所（Skidmore，Owings and Merrill）、哈里逊和阿伯拉莫维茨建筑师事务所（Harrison and Abromowitz）等也在提倡与推行这样的风格。但是密斯·凡·德·罗不仅有理论，有实践，并有较深的发展渊源，也就被视为这种风格的代表。

西柏林的国家美术馆新馆（National Gallery, Berlin, 1962—1968）（图41—图44）是密斯·凡·德·罗最后的作品。它的构思同克朗楼完全相同，所不同的是在造型上，特别是在形体组合与比例上具有类似古典主义的端庄感。同样，密斯·凡·德·罗使这个玻璃盒子具有明显的结构特征：正方形钢屋面（边长64.8米）内的“井”字形屋架由8根“十”字形钢柱（高8.4米）所支承；柱子不是放在回廊的4个角上而是放在4个边上；柱子和屋面接头的地方，按照力学要求，把它精简到只是一个小圆球（图42）。这些特点可能就是密斯·凡·德·罗的“当技术实现了它的真正使命，它就升华为建筑艺术”的体现。

在功能上，美术馆新馆有着与克朗楼同样的问题。即在地面上的偌大大厅中，只能用活动隔断布置一些流动性的展览；真正的展览，即那些展出要求较高或需要保护的展品，都在地下室中。整个平台下面都是地下室，后面有一个下沉式的院子（图43）。

由此可见，密斯·凡·德·罗的“技术的完美”其实就是功能服从结构，形式是结构的表现，经济是无所谓的。还值得注意的是，尽管密斯·凡·德·罗提倡重视结构逻辑，但他所采用的结构并非都是合理的。不少情况与其说是来自结构的

图 41　西柏林国家美术馆新馆（1962—1968）沿广场外观

图 42　西柏林国家美术馆新馆回廊钢柱

图 43　西柏林国家美术馆新馆地下层及下沉式花园

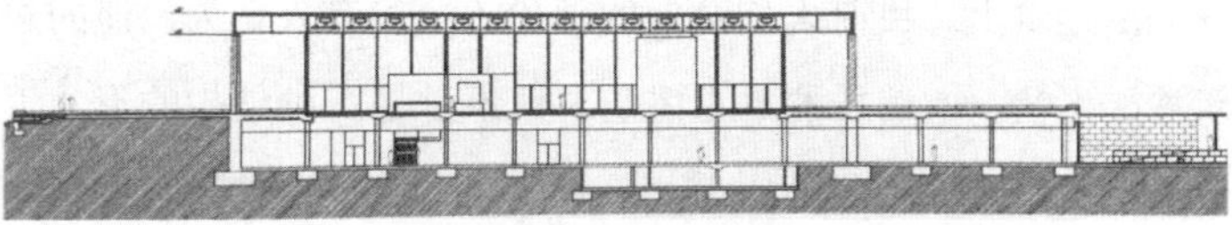

图 44　西柏林国家美术馆新馆剖面，图右为下沉式花园

合理不如说是取决于那能够表现材料与结构特征的“形式的纯净”。无怪美国一位著名社会学家兼建筑评论家刘易斯·芒福德（Louis Mumford）指出：“密斯·凡·德·罗利用钢和玻璃的方便创造了优美而虚无的纪念碑。它们具有那种干巴巴的机器似的风格，但没有内容。他个人的高雅癖好给这些中空的玻璃盒子以一种水晶似的纯净形式……但同基地、气候、保温、功能或内部活动毫无关系。”① 美国第二代建筑师保罗·鲁道夫（Paul Rudoph）在一次赞扬密斯·凡·德·罗的创造性时说：“密斯所以能够做出不少精彩的房屋是因为他忽略了房屋的许多方面。假如他解决更多问题，他的房屋就不会那么有力量了。”② 这个赞扬正好揭露了密斯·凡·德·罗在创造中的片面性——不是把新材料、新结构作为建筑的手段而是作为建筑的目的。

尽管如此，密斯·凡·德·罗的影响还是很大的，特别是

① 刘易斯·芒福德语。见《现代建筑运动》（*Modern Movements in Architecture*），1973 年版，第 108 页。

② 保罗·鲁道夫语，同上。

在高层建筑上。目前人们对他的评价不一：有人认为，他的建筑冷酷无情，所谓技术上的精益求精不过是一种结构的形式主义而已；也有人至今仍认为，只有他才不愧是现代建筑真正的“形式缔造者”（Form Giver）。

(原载《建筑师》第4期)

赖　特

美国建筑师赖特（Frank Lloyd Wright，1867—1959）是当代最早对现代建筑进行探求的一位建筑大师。从他 18 岁到芝加哥学派①的名师沙利文（Louis Sullivan，1856—1924）处工作时始，到他以 92 岁高龄寿终为止，共设计了房屋 500 余项，其中建成的有 300 余项，影响遍及欧美。他的草原式住宅（Prairie House）和“有机建筑”（Organic Architecture）亦曾几度引起建筑学坛的注意，并至今仍在产生影响。

赖特开始工作时是 19 世纪 80 年代，当时主宰着建筑学术界的是学院派的复古主义、折中主义。但是沙利文力图摆脱旧形式的束缚，主张从现实问题本身去探求适应现代生活需要的

---

① 芝加哥学派是 19 世纪末“新建筑运动”中的一个有理论有实践的学派。它适应当时芝加哥市中心的实际需要，充分采用新技术，创造了现代的高层建筑。

建筑①的苦心，却在这个青年的思想上产生了深刻的印象。赖特本来学的是土木工程，从来没有受过正规的建筑教育，思想框框较少，沙利文的影响在他身上的反映也就特别显著。因而当他自1893年一边在沙利文的事务所（Adler and Sullivan）里工作，一边自己开业时，便逐渐形成了他所特有的不同于学院派的建筑风格。

草原式住宅是赖特后来对他自己在1900年前后10多年中所设计的一系列住宅的称呼。这些住宅大多位于芝加哥城附近。业主多数是一些由于城市急剧发展而涌到郊县去的中等资产阶级。他们渴望脱离城市的杂乱与喧闹，向往能不受干扰、自由自在地生活的环境。赖特在设计中不受传统格式影响，从实际生活需要出发，并从布局、形体以至取材上特别注意住宅同它周围自然环境的配合，为他们创造了一种带有浪漫主义、闲情逸致气息的新型住宅。所谓草原式，就是暗示这些住宅同美国中西部一望无际的大草原结合之意。

威立茨住宅（Willits House，1902）（图1、图2）是较早具有草原式住宅特征的代表作之一。它吸取了美国殖民地时期西部住宅的布局特色：平面呈“十”字形，以采暖的火炉为中心；

---

① Louis Sullivan, *Kindergarten Chats*, 1947, p. 203.

图 1　威立茨住宅外观

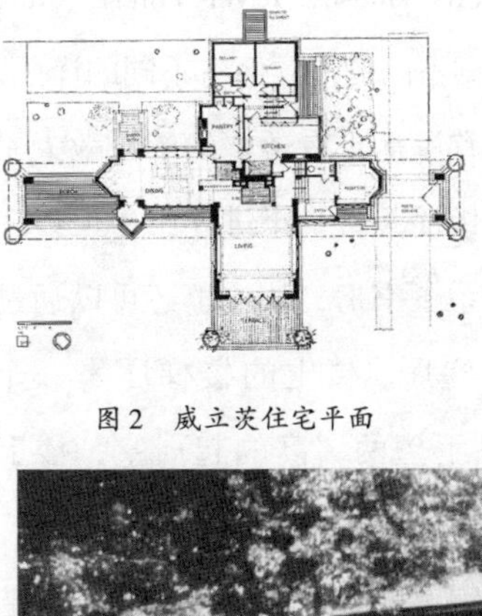

图 2　威立茨住宅平面

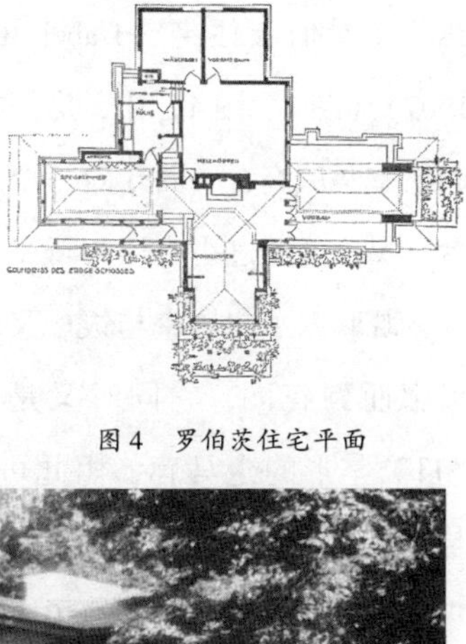

图 4　罗伯茨住宅平面

图 3　罗伯茨住宅外观

起居室、书房、餐室围绕着火炉而布局；卧室在楼上。赖特在此使各室既分隔又相连地形成一片；水平向的连排窗户加强了室内外的流通。“十”字形的布局使各室深入树丛之中，深深的出檐和以窗户、窗台以及它们下面的矮墙形成的水平向构图同周围的树木相映生辉。在总体布局中，赖特极其重视保留基地上原有的树木，用他的话说，房屋应该“自然地生长”于其中①。

在罗伯茨住宅（Isabel Roberts House, River Forest, Ill., 1907）（图3、图4）中，房间根据不同的需要而有不同的净高。起居室两层高，一面开向一个上有屋盖下有矮墙的半开敞大平台，另一面通过小进厅与低平的饭厅相接。小进厅虽小但作用大，既联系了起居室与饭厅又联系了书房，从这里还可以通过前廊而到花园，它同时又是楼梯厅。楼上的楼梯厅是一个“⊓”字形的走马廊，由此可以下望两层高的起居室，楼上与楼下打成一片。

草原式住宅外形反映了内部空间的关系与变化。为了创造“像蔓生植物覆盖于地面上”似的造型效果，高高低低的水平墙垣、深深的挑檐、坡度平缓的屋面、层层叠叠的水平向阳台与

---

① F. L. Wright, *Frank Lloyd Wright On Architecture*, 1941, p. 34.

图 5　罗比住宅外观，芝加哥

花台，在构图上被一个垂直向的烟囱所贯穿（图 4、图 5）。这一垂直向的烟囱不仅使构图不至于单调，并以它的垂直加强了整个构图的水平感。在罗伯茨住宅中，水平向的黑木窗与垂直向的雪白粉墙形成强烈的对比。在其他实例中，也有类似的以不同的材料与色彩来达到构图的对比统一的。不过，草原式住宅为了强调水平效果，房间的室内高度一般都很低，窗户不大而出檐深，故室内光线暗淡。

草原式住宅在技术上并没有什么新创举。它以砖木为主结构的木屋架时而被作为装饰似的有意暴露于外，空间与形体组合上的复杂多变常为结构与施工带来麻烦。在后来赖特的“有机建筑”中也常有这种情况。

在建筑美学上，赖特大胆革除了折中主义的伪装，坚持以房屋自身的形体比例和材料的自然本色为美的观点。在装饰上主张重点装饰，装饰花纹大多为图案化了的植物图形或由直线组成的几何形图案。

赖特的草原式住宅虽然建了不少，但并没有引起当时正热衷于折中主义的美国建筑界的注意。首先赏识赖特的却是欧洲的一些新派人物。德国的艺术出版人瓦斯穆特（Ernst Wasmuth）于1910年印出了介绍赖特作品的小册子；接着，荷兰新派建筑家贝尔拉格又对他的作品进行了介绍。无怪人们可以从荷兰的史提尔派和鹿特丹派建筑师杜陶克（W. M. Dudok）的作品中看到他们与赖特在设计手法上的联系。

赖特的早期创作除了草原式住宅之外，拉金公司办公楼、塔里埃森（他自己在威斯康星州的住所、工作室与农场）以及东京帝国饭店也是很值得一提的。

拉金公司办公楼（Larkin Building, Buffalo, New York, 1904，图6—图8）是拉金公司专管食品与肥皂等日用杂货的批发与往来账务的部门。它需要一个可供大量办事员工作的地方。赖特把大办公室放在房屋当中，室高四层，上面天窗采光，周围环有走马廊似的四层办公室。为了使内部室间整齐划一，他把楼梯与防火梯等凸出放在房屋的四个角上。墙体与柱是砖与混凝土的（混凝土在当时尚是新材料）。房屋外形忠实地反映了它的内部空间，呈简单的立方体形，形体比例掌握得很有分寸，除了柱子上面有一些图案装饰之外，一切都很简单。由于前面马路上有川流不息的车辆，办公楼正面比较封闭的立面对于隔声来说是有效的。

图6　拉金公司办公楼外观

塔里埃森（Taliesin，Spring Green，Wisconsin，1911，1914年、1925年与1933年三次重建。图9为了区别于后来的西塔里埃森，又称东塔里埃森）建于一座山丘接近于山顶而尚未到顶的地方。“塔里埃森”这个词，按赖特祖族的一位威尔士诗人的说法是“日晖前额”（Shining Brow）。赖特认为造房子不能造在山顶上，造在顶上，山就没有了；造在近顶而尚未到顶的山坡上（像人的前额处于眉之上、发之下一样），则既拥有山还具有能突出于其他之感①，房子应成为山的前额②。

塔里埃森是赖特从1911年到他1959年逝世前的主要住所、工作室、事务所、教学的地方（赖特还招收了不少在他那里进行学习、研究与工作的建筑师与建筑学生）与农场，建于1911年，后因遭火灾三次重建，以后又不断地改建与扩建，以至成为一组布局自由、内容丰富，并在布置上十分考究与精致的建筑群。它的北部（图9右部）是专为农业与牲畜用的房屋；中部环绕着前院的是工作室、事务所与学生宿舍；南部朝南的是赖特自己的起居室与住所；处于西面大院北侧的是朝南的食堂与学生的活动室，它们与前面的大院打成一片。赖特所擅长的

---

① F. L. Wright，*The Future of Architecture*，p. 17.

② Ibid.，p. 190.

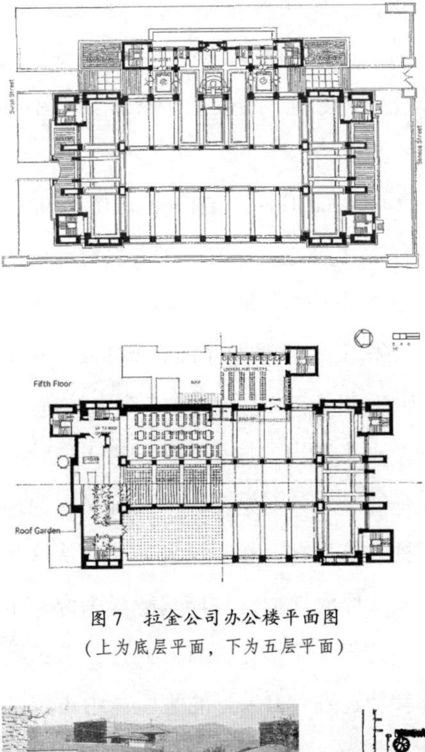

图 7　拉金公司办公楼平面图
（上为底层平面，下为五层平面）

图 8　拉金公司
办公楼中央大厅

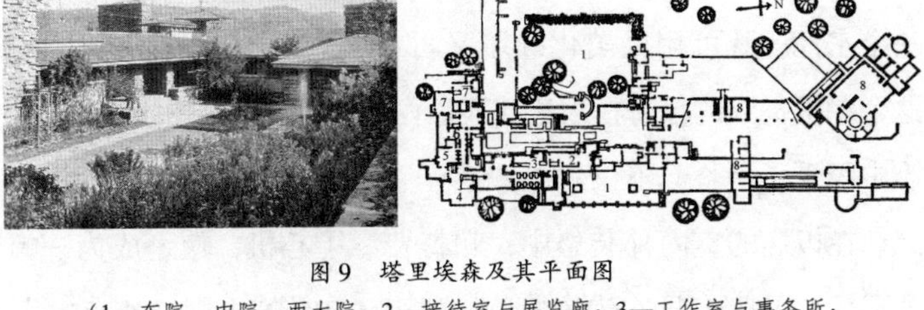

图 9　塔里埃森及其平面图
（1—东院、中院、西大院；2—接待室与展览廊；3—工作室与事务所；
4—起居室；5—客房；6—进厅；7—卧室；8—农、牧用房）

深屋檐、大平台、石砌烟囱、木屋架等等不仅在此反复出现，并得到了精心的处理。再加上花园、院子与室内偶尔点缀着的中国古董，如佛像、铜鼎、金钟等等，更使整个环境具有不寻常的超凡脱俗的浪漫主义气氛。

日本东京的帝国饭店（Imperial Hotel，Tokyo，1916—1921）（图10、图11）是赖特应日本之邀去设计的。在去之前他已了解到日本地震与该基地的困难情况。于是他邀请了当时芝加哥一位富有高层建筑经验的结构工程师缪勒（Paul Müller）并带了几名助手一同前往。饭店在空间布局上没有什么突出的特点，但在抗震与室内装饰上却做出了杰出的成绩。在抗震上，赖特与缪勒共同制订了所谓浮基的方案，即先在这个又湿又软的地基上打下大量的深桩，在桩上筑立柱，然后把房屋建在从这些柱子向外挑出的平台上。赖特形象地把这种浮基解释为像一个人举起一只手臂，又从手中托出一个盆子一样。此外，考虑到地震时可能会引起火灾，赖特还在“H”形的平面当中布置了一个水池，既可用以美化环境又可在必要时作为消防池之用。这个耗资甚大的浮基在饭店建成后两年，即1923年的东京大地震中经受了考验，不仅房屋安然无恙，并曾成为避难者的安全区。在饭店的室内外装修中，赖特费尽了心机，使之成为一幢既现代化又带有日本传统特色的建筑，在装饰上则又兼有古代

图 10　东京帝国饭店外观

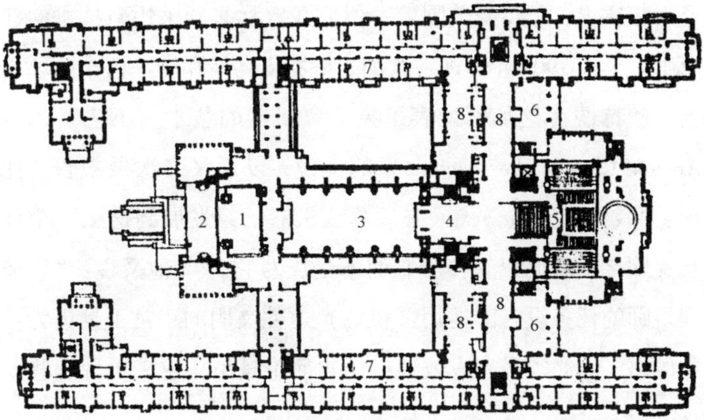

图 11　东京帝国饭店平面图
（1—前厅；2—进厅；3—餐厅；4—休息室；
5—剧场；6—会议室；7—客房；8—休息廊）

墨西哥玛雅文化的风格。房屋的形体像赖特其他作品一样，属前后高低参差错落的立方体形。屋面坡度平缓，尺度宜人，大量水平向平台、窗台和具有日本比例的石栏杆，丰富的同面砖交织在一起的火山岩雕饰以及精心制作的家具，等等，均给人留下深刻的印象。赖特本来就对中国与日本的文化很感兴趣，1905 年他访问日本时便收集了大批日本版画，因而，他能设计出具有日本风格的作品并非偶然。

在日本工作的数年使赖特在美国几乎被遗忘，1922 年他回国后向他问津的人并不多，于是他致力在建筑中采用新技术和以中小资产阶级为对象的住宅设计研究。

事实上，赖特是美国第一位公开宣称必须采用新技术的建筑师。早在 1901 年，即在欧洲的格罗皮乌斯和勒·柯布西耶之前，赖特便在芝加哥发表了关于“机器的艺术与工艺”（The Art and Craft of the Machine）的演说，以后又多次做报告。他说：“我们今天这一代人必须承认机器已经发展到这么一个地步，即艺术家们只有接受它而不是反对它。”① 他又说：“当前建筑师的任务没有比运用（机器）这件文明的正常工具更为重要的事了，必须最有成效地运用它而不是滥用它来再现那些要

① 1904 年报告。见 *Frank Lloyd Wright On Architecture*，第 26 页。

命的，到处泛滥的属于过去时代与背景的建筑形式。”① 由此可见，赖特是主张建筑现代化的。在采用新技术中，赖特又很明确地指出机器不过是一种手段，“在我所有的房屋中，机器是从属的，是工具而不是主人”②，“如能把它放在艺术家的工具箱中，却是一件好工具”③。可见，赖特采用新技术不像与他同期的欧洲现代派那样为了功能、经济与便于大量生产，而是利用新技术来达到新的艺术效果。这个特点在他日后一系列实践中得到了证实。

20 世纪 20 年代，当欧洲向新技术进军的号角吹得越来越响时，赖特尝试用预制的、有图案花纹的混凝土砖（赖特称之为 Textile Block）面饰房子，这为形体简单的方盒子形建筑提供了一种新的装饰手法。伊尼斯住宅（Charles Ennis House，Los Angeles，California，1924，图 12）是已建成的几幢之一。

20 世纪 30 年代初，赖特又提出了一种称为于桑年的住宅（Usonian House），赖特对此的解释是“美国的”的意思④。其特

---

① 1901 年报告。见 *Frank Lloyd Wright On Architecture*，第 23 页。

② 1930 年报告。同上，第 135 页。

③ Cranston Jones，*Architecture，Today and Tomorrow*，McGraw-Hill，1961，p. 12.

④ 此词取自一篇名为 *Erewhon* 的文艺作品，作者 Samuel Butler。赖特以 Usonia 意为“美国”，以 Usonian 意为“美国的”。见赖特所著 *A Testament*，第 160 页。

图 12　伊尼斯住宅

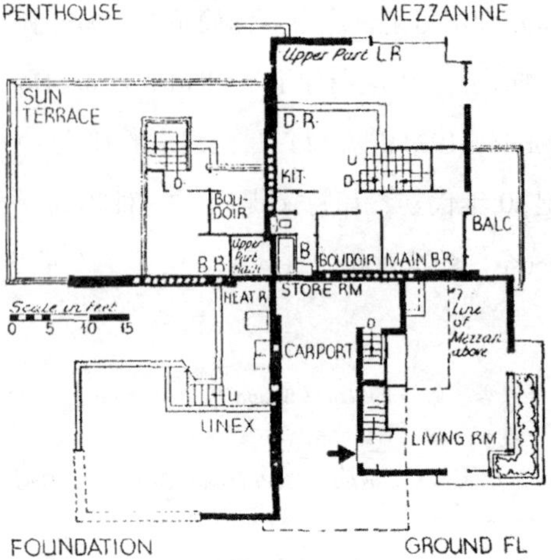

图 13　于桑年住宅平面

点是造价比赖特其他方案低，一般是5500～7500美元，适宜于当时的小康水平。房屋单层，水平铺开，起居室较大，卧室较小。建筑材料与草原式住宅一样，以砖和木为主，但采用平顶。部分花园用板墙分隔（图13），大中取小，显得亲切些。

当时，美国正值经济危机，人心惶惶，建造活动很少。赖特借此回顾实践，结合当时一般中小资产阶级有看破红尘、渴望“世外桃源”的心理，总结出以草原式住宅为基础的“有机建筑”。

什么是“有机建筑”，赖特从来没有把它说得很清楚。不过“有机”这个词，那时却相当流行。格罗皮乌斯在20世纪20年代时曾把自己的建筑说成是有机的；德国那时还有一些建筑师如哈林（Hugo Häring）、夏隆（Hans Scharoun）等，虽然他们的作品格调同格罗皮乌斯不完全相同，却也把自己的建筑称为有机的。赖特对他自己的“有机建筑”的解释①：“有机”二字不是指自然的有机物，而是指事物所固有的本质（Intrinsic）；“有机建筑”是按着事物内部的自然本质从内到外地创造出来的建筑；“有机建筑”既是从内而外的，因而是完整的；在“有机建筑”中，其局部对整体即如整体对局部一样，例如材料的本性，设计意图的本质，以及整个实施过程的内在联系，都像不

① *The Future of Architecture*, pp. 12～13, 43, 321～322.

可缺少的东西似的一目了然。赖特还用“有机建筑”这个词来指现代的一种新的具有生活本质和个性本质的建筑。在“个性”（individuality）的问题上，赖特为了要以此同当时欧洲的现代派，即格罗皮乌斯、勒·柯布西耶等所强调的时代共性对抗，有意把它说成是美国所特有的。他说美国地大物博，思想上没有框框，人们的性格比较善变、浮夸和讲究民主，因此，正如社会上存在着各种各样的人一样，建筑也应该多种多样①。由于上述名词大多是抽象的，赖特所遇到的业主又似乎都是一些肯出高价来购买造意不凡的建筑的一些人，因而赖特的“有机建筑”便随着他丰富的想象力和灵活手法而变化。

1936 年，赖特为富豪考夫曼设计了取名为“瀑布”的周末别墅［“Falling Water”（又译“流水别墅”），Bear Run，Pennsylvania］（图 14—图 17）。这所住宅体态自然地跨越在一道小瀑布上；房屋结合岩石、瀑布、小溪和树丛而布局，从筑在下面岩基中的钢筋混凝土支承中悬臂挑出。屋高三层，第一层直接临水，包括起居室、餐室、厨房等，起居室的阳台上有梯子下达水面，阳台是横向的；第二层是卧室，出挑的阳台部分纵向、部分横向地跨越于下面的阳台之上；第三层也是卧室，每个卧室都有阳台。

---

① *Frank Lloyd Wright On Architecture*，p. 5.

图 14　“瀑布”别墅外观

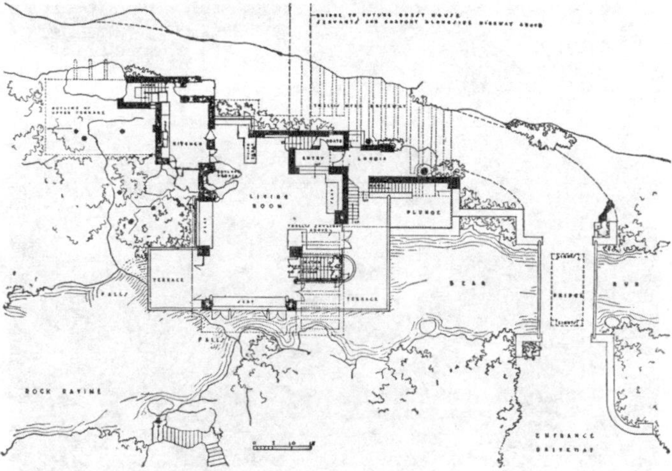

图 15　“瀑布”别墅平面图

图 16　从别墅基地入口桥上看住宅及其多层平台与小溪水面的关系

图 17　别墅起居室平台有吊梯直临小溪

“瀑布”别墅的起居室平面是不整齐的，它从主体空间向旁边与后面伸出几个方块，使室内可以不用屏障而形成几个既分又合的部分。室内部分墙面是用同外墙一样的粗石片砌成的；壁炉前面的地面是一大片磨光的天然岩石。因此，“瀑布”别墅不仅在外形上能同周围的自然环境配合，其室内也到处存在着与自然的密切联系。

别墅的形体高低前后错综复杂，粗石的垂直向墙面与光洁的水平向混凝土矮墙形成强烈的对比；各层的水平向悬臂阳台前后纵横交错，在构图上因垂直向的粗石烟囱而得到了贯通。别墅的造型以结合自然为目的，一方面把室外的天然景色、水声、绿荫引进室内，另一方面把建筑空间穿插到自然中去，的确做到了“建筑装饰它周围的自然环境，而不是破坏它”①。

现在，“瀑布”别墅被作为文物保护了起来，每年去参观的游客达7万人（1979年统计）。

西塔里埃森（Taliesin West，Maricopa Mesa，McDowell Mountain，Arizona，1938）（图18—图21）是赖特为他自己与他的学生自建自用的冬季别墅与工作室。它位于亚利桑那州的麦克道尔山山脚下的沙漠高地上，主体建筑是一座由两边不等高

① *The Future of Architecture*，pp. 13 ~ 15.

的"П"字形木框架与帆布帐篷（今已改为玻璃钢）构成的房屋，筑在处于沙漠之中的一片红色火山岩上。房屋平面结合地形分为三个既分又合的，包括有居住、工作和劳动的部分（在图20中相应为右、中、左三部分）。空间水平向铺开，组合错综，室内外相互交错连成一片，并利用大量棱角形或三角形的踏步、平台、水池与高低错落的花坛（图21）来增加趣味。用多彩的石块所叠成的台基与唯一的绿化——几株稀稀落落的仙人掌——更产生了浓厚的原始地方色彩。室内墙壁和地面上大片的天然火山岩同精致的家具、高级的地毯和一两件点缀的古玩形成强烈的对比。在这里，原始的粗野感和精确的几何形密切交织，"建筑手法上的联系加强了自然景色的特征"①。

图18　西塔里埃森主体建筑外观

① *An American Architecture*, p. 200.

图 19　西塔里埃森起居与休息室（见图20右）

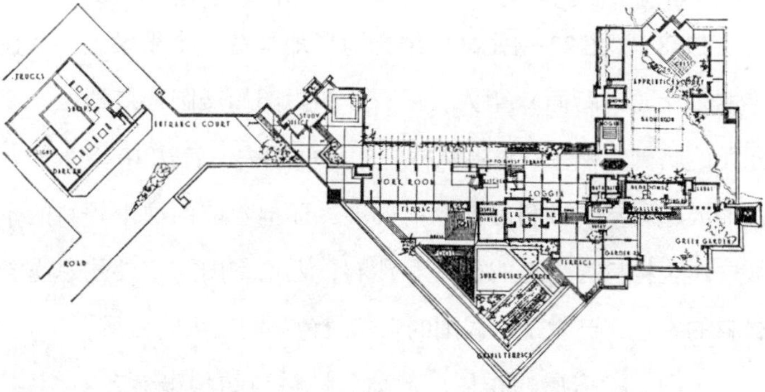

图 20　西塔里埃森平面图

（图左部为工场；中部为主体建筑，内为工作室与集体的起居与休息室；右上部为赖特自己居住的地方）

图 21　西塔里埃森起居与休息室前面的踏步、平台、水池与花坛

雅可布斯住宅（Herbert Jacobs House，Middleton，Wisconsin，1948）（图 22—图 24）结合地形地筑在一个土墩上。从住宅的东北面（背面）望去，粗石片和封闭的矮圆形塔楼像一座原始的防御性碉堡一样；从住宅的正面望去，长达 10 余米的开敞的大起居室，半圆形地向前伸展，环抱着前面往下倾斜的草坡。建筑材料为当地的枞木和沙石，无论室内与室外均暴露着材料的本色，产生了与周围的自然景色如同根生的效果。

上面三幢房屋的布局、形体、材料与结构虽然各不相同，但它们都能与各自的自然环境密切结合，并具有浪漫主义超凡脱俗的隐逸气息。它们是赖特的“有机建筑”理论在住宅设计

图 22　雅可布斯住宅背面

图 23　雅可布斯住宅面对花园的外观

图 24　雅可布斯住宅起居室

中的反映。赖特认为，人们建造房屋应像麻雀做窝或蜜蜂做巢一样地凭动物本能来进行①，强调建筑应该像天然生长在地面上的生物一样，从“地下长出于阳光之中”②；认为设计的目标是要使建筑成为自然环境的一部分③，设计的方法是一切“从大地出发”④，只有忠于大地的建筑才是有创造性的建筑，等等⑤。

---

① *The Future of Architecture*, pp. 34, 37 ~ 38.

② Ibid. , pp. 230, 297.

③ Ibid. , p. 13.

④ Ibid. , p. 298.

⑤ Ibid. , p. 34.

它们还体现了赖特心目中的“建筑是栖息之所，是人类动物可以像野兽回到山洞里一样的隐居之处，人们在里面可以完全放松地蜷伏着”① 的观点。关于西塔里埃森，赖特曾说：“我敢说这是一个逃避，但是，假如能够的话，让我们都逃避吧！”②

虽然赖特在使建筑形体同自然融为一体和使材料发挥其天然本色上有他独特和纯熟的技巧，然而，逃避现实的创作观和纯粹是浪漫主义的设计手法，使他的作品具有一定的局限性。

由于“有机建筑”是赖特主观上对所谓“事物的内在自然本质”进行体会的结果，因而它在公共建筑中的表现同居住建筑全然不同。

与赖特特别偏爱自然相应的另一面是憎恨城市。他为约翰逊公司（S. C. Johnson and Son Inc.，Racine，1936—1939）（图25—图28）设计的办公楼，是一座与外界隔绝，外墙下截封闭，由高窗与屋顶采光的建筑物。这是一组包括厂房、实验室、办公楼的大建筑群，其中最著名的是它的行政办公大厅。这是一个在结构上只有柱子，没有天棚的宽敞大空间；

---

① S. Giedion，*Space*，*Time and Architecture*，p. 420.

② *The Future of Architecture*.

柱子比例修长，柱身上大下小，柱头上面悬臂外挑形成一碟形的覆盖；在覆盖与覆盖之间除了用以联系的拉杆外，便是填充于其间的有透光与扩散光线作用的玻璃管（后改为塑料管）。大厅给人以在水平向上是有限的而在垂直向上是无限的空间感。碟形覆盖在光线的映照下显得很轻；按建筑评论家吉迪翁（S. Giedion）的说法，有恍若置身于水池底游鱼戏水似的感觉①。

图 25　约翰逊公司总体鸟瞰
（图左为塔式实验楼，图右为办公楼）

---

① S. Giedion, *Space*, *Time and Architecture*, p. 420.

图 26　约翰逊公司办公楼内行政办公大厅

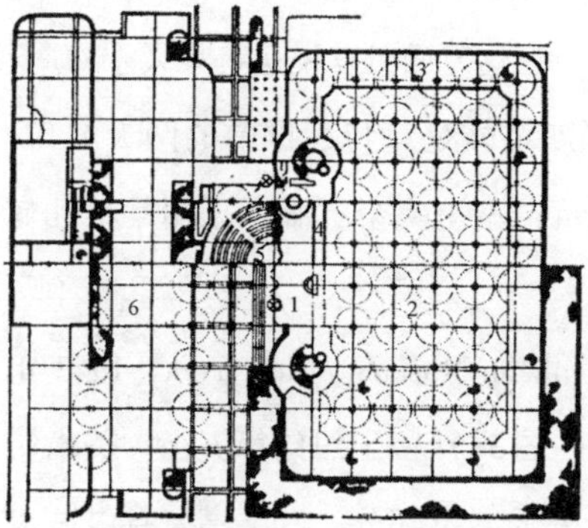

图 27　约翰逊公司办公楼平面图
(1—进厅；2—行政办公大厅；3—行政办公大厅上面的楼厅；4—至楼厅的通道；5—会堂；6—停车库)

图 28　约翰逊公司办公楼进厅

办公楼的外形以立方体、圆柱体为主，不同于勒·柯布西耶的“纯净形式”。它们大小、前后、高低地参差不齐，并相互穿插，形成多变与丰富的构图。此外，邻近的塔式实验楼（图25左），亦为此增色不少。实验楼的结构与形式均很新颖，中心的交通竖井将楼板层层悬臂挑出，外裹以水平向的带形玻璃窗。办公楼与实验楼均造型独特，富于画意，建成后蜚声建坛并吸引了大批参观者，这等于为业主做了一次有效的广告。但是，大厅的玻璃顶为施工带来很多困难，并经常漏水，建筑物的实际造价也上升到原来预算的两倍。吉迪翁说的一句话颇有意思：“没有比业主的大量资金更容易使建筑师转向歧途的，因为它往往使建筑师把兴趣集中在臆造奢侈的要求与无穷尽的这样或那样浮夸的欲望上。”① 而赖特在这方面可以说是特具天才的。

古根海姆美术馆与普赖斯塔楼是赖特逝世前的两大名作，它们表现了赖特晚期时在建筑造型上完全沉湎于采用某种几何形作为构图母题的倾向。

古根海姆美术馆（Guggenheim Museum，New York，1943 年设计，1959 年完成）（图 29—图 34）位于纽约第五街。美术馆分为两个主要部分：一是对外的展览部分，六层高，有斜坡盘

---

① S. Giedion，*Space*，*Time and Architecture*，p. 420.

旋而上，并附有地下的小会堂；另一是四层高的办公楼。两部分在底层以入口进厅联系。

图 29　古根海姆美术馆外观

图 30　赖特 1946 年为设计古根海姆美术馆提出的渲染图

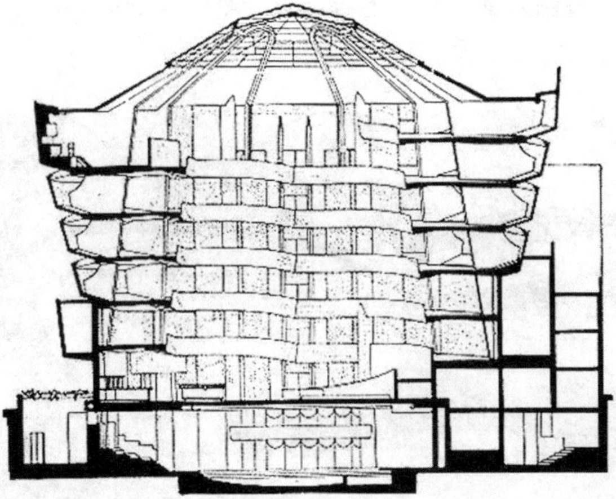

图 31　古根海姆美术馆剖面图

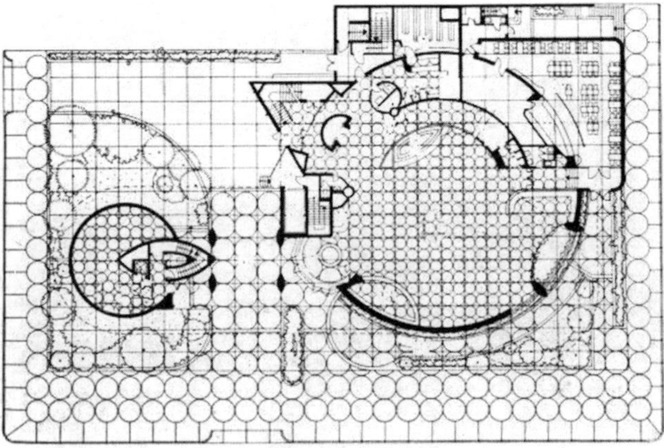

图 32　古根海姆美术馆平面图

图 33　古根海姆美术馆
斜坡展览廊近景

图 34　古根海姆美术馆
展厅上面的玻璃穹隆

展览部分是一个圆形大厅，直径 30.5 米。所谓上面各层实际上是一条长 431 米的螺旋形的坡道展览廊。观众参观时可自底层大厅乘电梯直达顶部，然后随着斜坡边参观，边缓步而下。其目的是要在地价昂贵、面积狭小的基地上，创造一条能不被楼梯间所间断的、连续不断的展出路线。斜坡沿着外墙自地面一直盘旋至顶，随着升高而逐渐向外扩大，至顶部大厅直径为 39 米。由坡道所环绕着的中部空间，自底层至顶浑然一体，高约 27 米。屋顶是钢筋混凝土肋的玻璃穹隆。整个展览部分可同时容纳观众 1500 人。

展品主要是现代的抽象艺术，沿着外墙布置。外墙墙面略为向外倾斜，在每层顶部开有天窗，使展品除了利用人工照明外还可以利用天窗的间接光线。一切似乎都想得很周到，然而就是在展出这个主要问题上——展览馆的目的就是为了展出——却出了毛病：倾斜的地面、倾斜的墙面、螺旋形的栏杆使展品显得很别扭，看起来总像是没有挂正似的（图 33）。此外，以圆形和半圆形为母题的构图，圆形的大厅，圆形的天窗，圆形的栏杆、圆形的电梯、半圆形的窗户以及到处出现的圆形装饰，对展品来说也有喧宾夺主之感。无怪有时会受到展出者的抗议。

普赖斯塔楼（Price Tower，Bartlesville，Oklahoma，1956）（图 35—图 37）是一座要求有气派的、非常考究的高层公寓与办公楼。塔楼高 18 层；平面大致呈正方形，分为四部分，朝西的一角为公寓，其余是办公室。房屋中央是一个集中有各种服务性设施的竖井，备有公寓与办公室各自专用的电梯；底层有分别的出入口。公寓部分每户占两层，内有小楼梯，起居室上下贯通两层高。办公部分的最高三层是大楼的所有者 H. C. 普赖斯公司的办公室，其余各层出租。与大楼底层相连的一座两层高的翼部，是商店与办公室；近旁有停车棚。

图 35　普赖斯塔楼外观

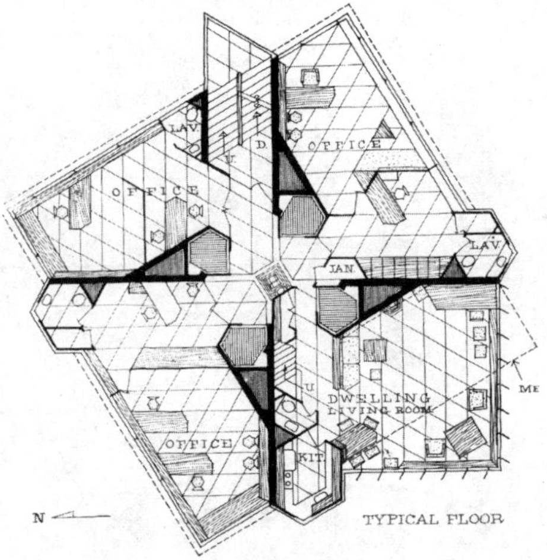

图 36　普赖斯塔楼平面图（右下角单元为公寓）

图 37　普赖斯塔楼外墙处理近景

塔楼每层平均面积约170平方米。每边宽约16米，高56米。钢筋混凝土结构，四片由中央竖井分支出来的垂直向板状结构，犹似房屋的脊骨似的支架着整座大楼，各层楼板由此挑出。空间的布局基本上是按着结构特点来划分的。

塔楼外观上的显著标记是由铜片制成的百叶窗。办公部分的百叶窗处理成水平向，公寓部分的处理成垂直向，并有意使水平与垂直相互交错，用以形成强烈的上升感。百叶窗既遮阳，也可以挡风雨。赖特认为，该塔楼矗立在周围800平方千米的草原地带中，必须经得住暴风雨的袭击。醒目的垂直向与水平向的铜片百叶窗以及立面上其他的铜片面饰，由于长期暴露于空气中氧化为铜绿色，造成了建筑外貌中独特的色彩。

除了建筑之外，赖特还提出了他的“有机城市”方案。“有机城市”是一座以农业为基地的现代化城市。居民以从事分散的家庭农业为主，每人用地至少1英亩（0.40公顷），因而又有“广亩城市”（Broadacre City）之称。城市拥有各种为农业生产服务的现代化设施，市中心建有各种公共建筑，另有一所大学和一座工厂。后者在赖特提出的方案中是一座直升机制造厂。在“有机城市”中居民分散，交通显得特别重要，市内交通以汽车为主，并设有直升机站。城市住宅绝大多数为拥有2~5辆汽车的独建式住宅，另有少量的高层公寓。显然，这样的城市不过是一种幻想而已。

从上述可见，赖特在建筑创作中想象力丰富，手法灵活，富有独创性，善于运用材料与技术，并能创造同大自然融为一体或形式独特的建筑。但是他的名作大多是一些特殊任务，似乎不受什么经济与条件的限制，同时他的创作也是以满足业主的某些要求、意图、奢望与虚荣心为主的。

下面试从几个方面来分析赖特的理论与作品：

1. 关于建筑的整体性与统一性。赖特与格罗皮乌斯一样非常强调建筑设计的整体性与统一性，不过不同于格罗皮乌斯所谓要“把同房屋有关的各种形式上、技术上、社会上与经济上的问题统一起来”① 的看法；赖特的整体性主要是观感上、艺术上，也就是生活质量上的。从赖特的作品可以看到，他的整体性具体表现为建筑与它周围的自然景色融而为一，建筑的整体造型与它的局部以至细部处理格调呼应和建筑形式与它的内部空间表里一致，等等。

例如在“瀑布”别墅中，房屋与它下面的瀑布休戚相关，各层阳台与石砌墙面纵横交错；在西塔里埃森中，岩石台基、踏步、花坛同整幢房屋宛如天生，等等，都能在视感上形成使

① W. Gropius, *The New Architecture and the Bauhaus*, p. 66.

人难以取彼舍此之感。

此外，在造型设计中，他经常喜欢在一幢房屋中反复使用某一种几何图形，以此作为构图的母题，贯串全局。如在草原式住宅、“瀑布”别墅和普赖斯塔楼中，反复以水平向与垂直向的线条与墙面纵横交错；在西塔里埃森和本瑟·肖朗姆犹太教堂（Beth Sholom Synagogue，Elkins Park，Pennsylvania，1959）(图38、图39) 中反复运用棱角形、三角形和多边形；在雅可布斯住宅、古根海姆美术馆和马林县的市政中心（Marin County Civic Center，San Rafael，California，1959—1964）（图40、图41）中反复运用圆形、半圆形等。这种在构图中反复采用同一母题的方法，无疑有利于产生构图上的整体感；不过赖特

图38 本瑟·肖朗姆犹太教堂入口

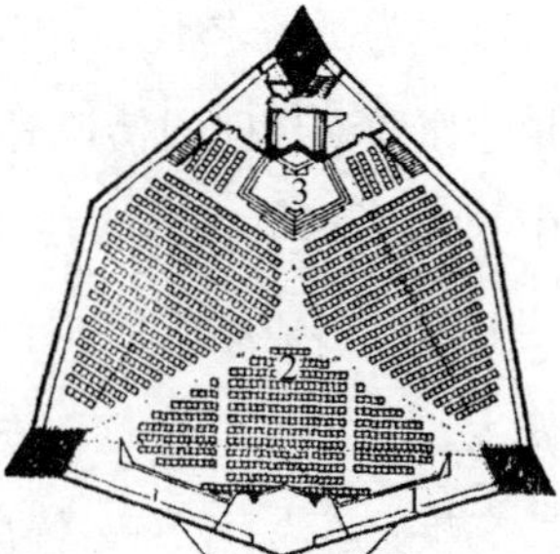

图39 本瑟·肖朗姆犹太教堂平面
(1—坡道；2—座席；3—圣坛)

图 40　马林县市政中心之一

图 41　马林县市政中心之二

有时“为了追求形象上的效果”会以手段作为目的，于是矫揉造作和不合理的情况时有出现。例如在马林县的市政中心中，其形式与它的结构是相互矛盾的。在其他作品中，由于构图复杂而形成结构困难、屋面漏水和造价超额等等，也时有发生。

赖特还认为，每一幢房屋均有它内在的自然本质。建筑的整体性来自抓住本质，以此作为动机，自内而外地进行设计。他说：“我喜欢抓住一个想法，戏弄之，直至最后成为一个诗意的环境。”① 他还说，“瀑布”别墅的设计是从瀑布之声出发的②，西塔里埃森是从一望无际的沙漠出发的③。无疑地，建筑设计应该善于立意，认真构思，赖特在这方面可谓技巧高超，得心应手。但是他的业主大多比较富有，在造价上没有苛刻的经济限制，没有太多或复杂的功能要求，技术常被无条件地用来为艺术服务，在参考时必须注意到这个特点。

2. 关于空间设计。赖特同格罗皮乌斯、勒·柯布西耶和密斯·凡·德·罗一样，非常重视建筑的空间设计及其表现。他说：“房屋的存在不在于它的四面墙和屋面，而在于那供生活用的内部空间。”④ 他又说，“房屋内部的房间或空间才是人之所在”⑤，并自认这个见解是受中国古代哲学家老子的“三十辐共一毂，当其无，有车之用。埏埴以为器，当其无，有器之用。凿户牖以为室，当其无，有室之用。故有之以为利，无之以为用”⑥ 所启发的。赖特也同他们一样强调空间的自由性、贯通性（或流动性）和一体性，但具体的目的和方法不同。

---

① Cranston Jones, *Architecture, Today and Tomorrow*, p. 23.

② *The Future of Architecture*, pp. 13 ~ 15.

③ Ibid.

④ *The Future of Architecture*, p. 226.

⑤ Ibid. , p. 35.

⑥ 老子《道德经》第 11 章。

在空间设计上，赖特不像格罗皮乌斯那么重视它的使用效能，而比较强调它的造型效果。在赖特的作品中经常会出现一些用途不太明确而视感良好的空间。在空间的尺度上，赖特像格罗皮乌斯那样，强调人体尺度。他经常说，“人体尺度是房屋的真正尺度”①，并说他的作品就是按着他自己的身长5英尺8英寸半来设计的。但赖特的目的不在于节约空间从而节约造价，而在于降低层高，使之产生造型上的水平感，从而具有接近大地和“从属大地”② 之感。

在空间的自由布局上，赖特不像密斯·凡·德·罗那样先建造一个大空间，然后进行自由划分，而是倾向于把几个小空间自由组合成为一个既分又合的大空间（见“瀑布”别墅的起居室，图15）。两人有相同的空间一体感和流动感，但手法不同。

另外，赖特还夸耀他自己所谓开放布局（Open Planning）。他认为自己的开放布局比格罗皮乌斯和勒·柯布西耶等所谓自由布局更为自由；他认为后者虽然自由，然而还要受柱网的限制，而他的开放布局，由于采用了相应的结构，可使空间不受建筑外壳所限制，从一个中枢“有生命力地向四面八方放射与

① *An American Architecture*, p. 64.

② *The Future of Architecture*, p. 189.

扩张出去”（见“瀑布”别墅和普赖斯塔楼，图14—图17，图35—图37）。

可见赖特的空间设计同他的建筑整体性一样，也是偏重于追求“诗意的环境”与艺术效果的。

3. 关于材料的本性。赖特与上面提到的现代建筑的其他几位元老一样都强调按材料的本性来设计。但后者心目中的材料是现代工业的新材料，而赖特则是传统材料与新材料并重。赖特说：“我试图把砖看成是砖，木看成是木，把水泥、玻璃和金属都看成是其本身……每一种材料都要求不同的处理，每一种材料均具有能按其特性来运用的可能性。”① 在赖特的作品中各种不同材料的丰富的色彩、纹样和质感均得到了充分的表现，它们不仅在建筑整体的艺术气氛中起作用，而且其自身就是一种艺术表现。

但是，赖特所谓材料本性，只限于材料在视感中的特色及其形式美，并不包括材料的经济性、合理性和科学地运用的问题。因而在赖特的作品中，材料或者按照比较原始的手工业方式来运用；即使采用了新结构，但从艺术效果出发的立场，使它的新结构并不具有降低造价、利于功能或便于生产的意义。

---

① *The Future of Architecture*, p. 192.

4. 关于“形式和功能合一”。赖特虽然声明他尊重沙利文的“形式追随功能”的格言，但又把它改为“形式和功能合一”①。所谓“形式和功能合一”究竟指什么呢？他说这是“自内而外”的设计方法②。而对“自内而外”的解释又是从事物内在的自然本质出发，以及“有机建筑就是自然的建筑”③，“从地下长出于阳光之中”和按材料的本性来设计，等等。归根结底还是创造“诗意的环境”。

5. 赖特的设计思想是与他的人生观分不开的。他的祖父是从英国威尔士移居到美国的一个制帽商兼牧师。他自幼高傲，不善于与别人接近，孤芳自赏。他所推崇的所谓“有机生活”是一种脱离社会、脱离群众的以自我为中心的家庭生活。他认为，当人们能悟到这种生活时，便会对日常接触到的一般生活感到厌倦，便会试图接近大地，“开始超凡脱俗那样地生活”④。他经常宣扬大自然、大地、家庭、个人与个性。他把建筑创作看成是个性的表现，认为“艺术是个人为生存与争取表现自己的挣扎”。他认为集体创作不能得出好的作品⑤，他的希望就是

---

① *The Future of Architecture*, pp. 296 ~ 297.

② Ibid.

③ *The Future of Architecture*, pp. 13 ~ 15.

④ Ibid., p. 238.

⑤ Ibid., p. 322.

创造个性强烈、各个不同的一鸣惊人的作品。

赖特又是一个狂妄自大的主观主义者。他耻笑古希腊的帕特农神庙、意大利的圣彼得大教堂。他颂扬一切接近自然的建筑——特别是原始民族的建筑，反对一切试图在形式上征服自然或同自然形成对比的建筑。他颂扬中国的文化、日本的民居、玛雅人的艺术。他攻击一切正规的建筑教育，认为世界上只有他自己在塔里埃森举办的师徒式的教育方式①才是最好的。他攻击从欧洲移民美国的那些现代建筑大师。当密斯·凡·德·罗在美国任教时，他说："现在欧洲来接收美国的建筑界了……"② 他还针对格罗皮乌斯说，美国在建筑中有两次大倒退，第一次是1893年的芝加哥博览会③，第二次便是"包豪斯"传入美国④。对于勒·柯布西耶，他也经常在文章中取笑、攻击。

尽管如此，赖特对于现代建筑的贡献是很大的。他在建筑与自然的结合，技术是手段不是主人，建筑局部与整体的关联，建筑词汇应像人的生活要求一样千变万化，以及建筑应有个性

---

① 赖特死后，他在塔里埃森的学生组织了塔里埃森建筑师的联合事务所。

② *Architecture, Today and Tomorrow*, p. 63.

③ 这次展览会标志着欧洲的学院派完全控制了美国建筑界。

④ *Architecture, Today and Tomorrow*, p. 64.

等理论与实践方面，为建筑创作的文化宝库增添了光彩夺目的一章。无怪，他的影响至今不息。

（原载《建筑师》第5期）

国家新闻出版广电总局

首届向全国推荐中华优秀传统文化普及图书

大家小书书目

国学救亡讲演录	章太炎　著　蒙　木　编
门外文谈	鲁　迅　著
经典常谈	朱自清　著
语言与文化	罗常培　著
习坎庸言校正	罗　庸　著　杜志勇　校注
鸭池十讲（增订本）	罗　庸　著　杜志勇　编订
古代汉语常识	王　力　著
国学概论新编	谭正璧　编著
文言尺牍入门	谭正璧　著
日用交谊尺牍	谭正璧　著
敦煌学概论	姜亮夫　著
训诂简论	陆宗达　著
金石丛话	施蛰存　著
常识	周有光　著　叶　芳　编
文言津逮	张中行　著
经学常谈	屈守元　著
国学讲演录	程应镠　著
英语学习	李赋宁　著
中国字典史略	刘叶秋　著
语文修养	刘叶秋　著
笔祸史谈丛	黄　裳　著
古典目录学浅说	来新夏　著
闲谈写对联	白化文　著
汉字知识	郭锡良　著
怎样使用标点符号（增订本）	苏培成　著
汉字构型学讲座	王　宁　著

诗境浅说	俞陛云　著
唐五代词境浅说	俞陛云　著
北宋词境浅说	俞陛云　著
南宋词境浅说	俞陛云　著
人间词话新注	王国维　著　滕咸惠　校注
苏辛词说	顾　随　著　陈　均　校
诗论	朱光潜　著
唐五代两宋词史稿	郑振铎　著
唐诗杂论	闻一多　著
诗词格律概要	王　力　著
唐宋词欣赏	夏承焘　著
槐屋古诗说	俞平伯　著
词学十讲	龙榆生　著
词曲概论	龙榆生　著
唐宋词格律	龙榆生　著
楚辞讲录	姜亮夫　著
读词偶记	詹安泰　著
中国古典诗歌讲稿	浦江清　著 浦汉明　彭书麟　整理
唐人绝句启蒙	李霁野　著
唐宋词启蒙	李霁野　著
唐诗研究	胡云翼　著
风诗心赏	萧涤非　著　萧光乾　萧海川　编
人民诗人杜甫	萧涤非　著　萧光乾　萧海川　编
唐宋词概说	吴世昌　著
宋词赏析	沈祖棻　著
唐人七绝诗浅释	沈祖棻　著
道教徒的诗人李白及其痛苦	李长之　著
英美现代诗谈	王佐良　著　董伯韬　编
闲坐说诗经	金性尧　著
陶渊明批评	萧望卿　著

古典诗文述略　　吴小如　著

诗的魅力
——郑敏谈外国诗歌　　郑　敏　著

新诗与传统　　郑　敏　著

一诗一世界　　邵燕祥　著

舒芜说诗　　舒　芜　著

名篇词例选说　　叶嘉莹　著

汉魏六朝诗简说　　王运熙　著　董伯韬　编

唐诗纵横谈　　周勋初　著

楚辞讲座　　汤炳正　著
汤序波　汤文瑞　整理

好诗不厌百回读　　袁行霈　著

山水有清音
——古代山水田园诗鉴要　　葛晓音　著

红楼梦考证　　胡　适　著

《水浒传》考证　　胡　适　著

《水浒传》与中国社会　　萨孟武　著

《西游记》与中国古代政治　　萨孟武　著

《红楼梦》与中国旧家庭　　萨孟武　著

《金瓶梅》人物　　孟　超　著　张光宇　绘

水泊梁山英雄谱　　孟　超　著　张光宇　绘

水浒五论　　聂绀弩　著

《三国演义》试论　　董每戡　著

《红楼梦》的艺术生命　　吴组缃　著　刘勇强　编

《红楼梦》探源　　吴世昌　著

《西游记》漫话　　林　庚　著

史诗《红楼梦》　　何其芳　著
王叔晖　图　蒙　木　编

细说红楼　　周绍良　著

红楼小讲　　周汝昌　著　周伦玲　整理

曹雪芹的故事	周汝昌　著　周伦玲　整理
古典小说漫稿	吴小如　著
三生石上旧精魂 ——中国古代小说与宗教	白化文　著
中国古典小说名作十五讲	宁宗一　著
中国古典戏曲名作十讲	宁宗一　著
古体小说论要	程毅中　著
近体小说论要	程毅中　著
《聊斋志异》面面观	马振方　著
《儒林外史》简说	何满子　著

我的杂学	周作人　著　张丽华　编
写作常谈	叶圣陶　著
中国骈文概论	瞿兑之　著
谈修养	朱光潜　著
给青年的十二封信	朱光潜　著
论雅俗共赏	朱自清　著
文学概论讲义	老　舍　著
中国文学史导论	罗　庸　著　杜志勇　辑校
给少男少女	李霁野　著
古典文学略述	王季思　著　王兆凯　编
古典戏曲略说	王季思　著　王兆凯　编
鲁迅批判	李长之　著
唐代进士行卷与文学	程千帆　著
说八股	启　功　张中行　金克木　著
译余偶拾	杨宪益　著
文学漫识	杨宪益　著
三国谈心录	金性尧　著
夜阑话韩柳	金性尧　著
漫谈西方文学	李赋宁　著
历代笔记概述	刘叶秋　著

周作人概观　舒芜　著
古代文学入门　王运熙　著　董伯韬　编
有琴一张　资中筠　著
中国文化与世界文化　乐黛云　著
新文学小讲　严家炎　著
回归，还是出发　高尔泰　著
文学的阅读　洪子诚　著
中国文学1949—1989　洪子诚　著
鲁迅作品细读　钱理群　著
中国戏曲　么书仪　著
元曲十题　么书仪　著
唐宋八大家
——古代散文的典范　葛晓音　选译

辛亥革命亲历记　吴玉章　著
中国历史讲话　熊十力　著
中国史学入门　顾颉刚　著　何启君　整理
秦汉的方士与儒生　顾颉刚　著
三国史话　吕思勉　著
史学要论　李大钊　著
中国近代史　蒋廷黻　著
民族与古代中国史　傅斯年　著
五谷史话　万国鼎　著　徐定懿　编
民族文话　郑振铎　著
史料与史学　翦伯赞　著
秦汉史九讲　翦伯赞　著
唐代社会概略　黄现璠　著
清史简述　郑天挺　著
两汉社会生活概述　谢国桢　著
中国文化与中国的兵　雷海宗　著
元史讲座　韩儒林　著

魏晋南北朝史稿	贺昌群 著
汉唐精神	贺昌群 著
海上丝路与文化交流	常任侠 著
中国史纲	张荫麟 著
两宋史纲	张荫麟 著
北宋政治改革家王安石	邓广铭 著
从紫禁城到故宫——营建、艺术、史事	单士元 著
春秋史	童书业 著
明史简述	吴晗 著
朱元璋传	吴晗 著
明朝开国史	吴晗 著
旧史新谈	吴晗 著 习之 编
史学遗产六讲	白寿彝 著
先秦思想讲话	杨向奎 著
司马迁之人格与风格	李长之 著
历史人物	郭沫若 著
屈原研究（增订本）	郭沫若 著
考古寻根记	苏秉琦 著
舆地勾稽六十年	谭其骧 著
魏晋南北朝隋唐史	唐长孺 著
秦汉史略	何兹全 著
魏晋南北朝史略	何兹全 著
司马迁	季镇淮 著
唐王朝的崛起与兴盛	汪篯 著
南北朝史话	程应镠 著
二千年间	胡绳 著
论三国人物	方诗铭 著
辽代史话	陈述 著
考古发现与中西文化交流	宿白 著
清史三百年	戴逸 著

清史寻踪　戴　逸　著
走出中国近代史　章开沅　著
中国古代政治文明讲略　张传玺　著
艺术、神话与祭祀　张光直　著
刘　静　乌鲁木加甫　译
中国古代衣食住行　许嘉璐　著
辽夏金元小史　邱树森　著
中国古代史学十讲　瞿林东　著
历代官制概述　瞿宣颖　著
中国武术史　习云泰　著

宾虹论画　黄宾虹　著
中国绘画史　陈师曾　著
和青年朋友谈书法　沈尹默　著
中国画法研究　吕凤子　著
桥梁史话　茅以升　著
中国戏剧史讲座　周贻白　著
中国戏剧简史　董每戡　著
西洋戏剧简史　董每戡　著
俞平伯说昆曲　俞平伯　著　陈　均　编
新建筑与流派　童　寯　著
论园　童　寯　著
拙匠随笔　梁思成　著　林　洙　编
中国建筑艺术　梁思成　著　林　洙　编
沈从文讲文物　沈从文　著　王　风　编
中国画的艺术　徐悲鸿　著　马小起　编
中国绘画史纲　傅抱石　著
龙坡谈艺　台静农　著
中国舞蹈史话　常任侠　著
中国美术史谈　常任侠　著
说书与戏曲　金受申　著

世界美术名作二十讲	傅　雷　著
中国画论体系及其批评	李长之　著
金石书画漫谈	启　功　著　赵仁珪　编
吞山怀谷 ——中国山水园林艺术	汪菊渊　著
故宫探微	朱家溍　著
中国古代音乐与舞蹈	阴法鲁　著　刘玉才　编
梓翁说园	陈从周　著
旧戏新谈	黄　裳　著
民间年画十讲	王树村　著　姜彦文　编
民间美术与民俗	王树村　著　姜彦文　编
长城史话	罗哲文　著
天工人巧 ——中国古园林六讲	罗哲文　著
现代建筑奠基人	罗小未　著
世界桥梁趣谈	唐寰澄　著
如何欣赏一座桥	唐寰澄　著
桥梁的故事	唐寰澄　著
园林的意境	周维权　著
万方安和 ——皇家园林的故事	周维权　著
乡土漫谈	陈志华　著
现代建筑的故事	吴焕加　著
中国古代建筑概说	傅熹年　著
简易哲学纲要	蔡元培　著
大学教育	蔡元培　著 北大元培学院　编
老子、孔子、墨子及其学派	梁启超　著
新人生论	冯友兰　著
中国哲学与未来世界哲学	冯友兰　著

春秋战国思想史话	嵇文甫　著	
晚明思想史论	嵇文甫　著	
谈美	朱光潜　著	
谈美书简	朱光潜　著	
中国古代心理学思想	潘　菽　著	
新人生观	罗家伦　著	
佛教基本知识	周叔迦　著	
儒学述要	罗　庸　著	杜志勇　辑校
老子其人其书及其学派	詹剑峰　著	
周易简要	李镜池　著	李铭建　编
希腊漫话	罗念生　著	
佛教常识答问	赵朴初　著	
维也纳学派哲学	洪　谦　著	
大一统与儒家思想	杨向奎　著	
孔子的故事	李长之　著	
西洋哲学史	李长之　著	
哲学讲话	艾思奇　著	
中国文化六讲	何兹全　著	
墨子与墨家	任继愈　著	
中华慧命续千年	萧萐父　著	
儒学十讲	汤一介　著	
汉化佛教与佛寺	白化文　著	
传统文化六讲	金开诚　著	金舒年　徐令缘　编
创造	傅世侠　著	
美是自由的象征	高尔泰　著	
艺术的觉醒	高尔泰　著	
中华文化片论	冯天瑜　著	
儒者的智慧	郭齐勇　著	
中国政治思想史	吕思勉　著	
市政制度	张慰慈　著	

政治学大纲	张慰慈　著
民俗与迷信	江绍原　著　陈泳超　整理
政治的学问	钱端升　著　钱元强　编
从古典经济学派到马克思	陈岱孙　著
乡土中国	费孝通　著
社会调查自白	费孝通　著
怎样做好律师	张思之　著　孙国栋　编
中西之交	陈乐民　著
律师与法治	江　平　著　孙国栋　编
中华法文化史镜鉴	张晋藩　著
新闻艺术（增订本）	徐铸成　著
经济学常识	吴敬琏　著　马国川　编

中国化学史稿	张子高　编著
中国机械工程发明史	刘仙洲　著
天道与人文	竺可桢　著　施爱东　编
中国医学史略	范行准　著
优选法与统筹法平话	华罗庚　著
数学知识竞赛五讲	华罗庚　著
中国历史上的科学发明（插图本）	钱伟长　著

出版说明

“大家小书”多是一代大家的经典著作，在还属于手抄的著述年代里，每个字都是经过作者精琢细磨之后所拣选的。为尊重作者写作习惯和遣词风格、尊重语言文字自身发展流变的规律，为读者提供一个可靠的版本，“大家小书”对于已经经典化的作品不进行现代汉语的规范化处理。提请读者特别注意。

感谢同济大学建筑与城市规划学院卢永毅、钱锋两位老师，没有她们的鼎力支持，本书在图片资料方面势必会顾此失彼；感谢内蒙古工业大学建筑学院段建强老师，在译名统一、内容审订方面提供了大量支持。

文津出版社